看 得 见 的 城 市

马国馨 著

同济大学 出版社
Tongji University Press

U0334424

图书在版编目(CIP)数据

走马观城 / 马国馨著. -- 上海：同济大学出版社，
2013.9
（看得见的城市/支文军主编）
ISBN 978-7-5608-4880-8

Ⅰ.①走… Ⅱ.①马… Ⅲ.①建筑—文化—世界
—文集 Ⅳ.①TU—8
中国版本图书馆CIP数据核字（2012）第098208号

走马观城

马国馨 著

责任编辑 刘 芳 责任校对 徐春莲 封面设计 陈益平
出版发行 同济大学出版社 www.tongjipress.com.cn
（地址：上海市四平路 1239 号 邮编：200092 电话:021-65985622）
经 销 全国各地新华书店
印 刷 上海中华商务联合印刷有限公司
开 本 787mm×960mm 1/16
印 张 19
字 数 380 000
版 次 2013 年 9 月第 1 版 2014 年 9 月第 2 次印刷
书 号 ISBN 978-7-5608-4880-8
定 价 98.00 元

目录

在《走马观城》一书的前面，作为编著者还要多写上几句。

本书的最早策划启动是在 2010 年，中国社会科学院的叶廷芳先生打电话给我，谈起同济大学出版社正在向他约稿，问我是否有兴趣？当时我有些犹豫，一是没有和同济大学出版社合作过；二是也没有想到什么合适的题材。此后，同济大学出版社的刘芳女士锲而不舍，几次打电话和面谈沟通，使我对出版社的意图有了了解，于是开始检索自己手头有无合适的素材。

此前自己出书都是把内容相近的文字集结出版，以使主题比较集中突出，如日本建筑、体育建筑等。当时正在收集有关环境与城市的论文和材料，为新的合集做准备。其中有若干篇文字是访问国外一些城市后的印象，觉得比较适合同济大学出版社的要求。于是准备抽出来单独成集。一共有八篇左右，同时又从以前的文集里找了两篇来扩大一下篇幅总量（有点炒冷饭的意思）。

另外出版社也明确提出要求，希望本书中除了已发表过的文章外，还应有一定数量首次发表的文字。在 2011 年 3 月初和同济大学出版社签订了合同之后，陆续又赶写了五篇，这样就形成了目前这 14 篇文字的篇幅（有两篇内容有关联的文字，按照编辑要求合成了一篇）。

出版社要求本书的读者面能更宽一些，我想图文并茂可能会更加直观，并可增加可读性和趣味性。此前多次去国外旅游或考察也积累了大量的胶片和数字影像资料，一直想派上点用场，这次正好是一次机会，全书用了约 300 张图片。

除去一些因内容需要，或一些空中鸟瞰角度的图片是翻拍自有关资料外，百分之九十以上的照片都是笔者自己拍摄的，这也是向读者的一次汇报。

长期以来，由于自己一直从事建筑设计职业的关系，所以十分担心写作的内容过于专业化而读来费解，或引不起读者兴趣，有些涉及历史方面的内容也不是自己的长项。总览全书语言不够丰润，可读性不足的问题确实存在，只能说是自己在写作方面一次新的尝试吧。成书后除了心情十分忐忑不安外，很希望能从读者那里得到真实的反馈信息和指导意见。

由于 2012 年我去国外探亲时间较长和另外一些客观原因，本书的进展略有延迟。但在同济大学出版社社长支文军教授的亲自过问下，出版工作后来得以顺利进行。在此除了支社长外，还要对有关责任编辑、责任校对、封面设计和版式设计的各位先生一并表示感谢。另外承蒙梁思成奖获得者，全国设计大师，北京市建筑设计研究院有限公司顾问总建筑师刘力学长为本书题写书名，北京市建筑设计研究院《建筑创作》杂志社负责了文字录入和图片扫描等工作，在此也一并致以感谢！

2013年5月1日　假日

一

　　2004年末中国建筑学会和台北中华全球建筑学人交流协会在台湾共同组办了"第十届海峡两岸学会学术交流会"，大陆建筑师代表团一行25人出席了会议。在一周的交流和参观中，我们走访了台北、台中、台南和高雄等地，在台北、台中和高雄三地，以本次交流会的主题"明日的城市——生态城市，历史建筑的再利用"，举行了三场研讨会，每次均由两岸各一名建筑师作主题发言，之后提问讨论，互动交流，与此同时出版了论文集。其间还在台北举行了"大陆建筑师设计作品展"，有13个省市的院校和单位提供了展板。

　　两岸建筑师的交流会活动始于1988年10月，当时两岸建筑师首次会聚香港，开始了两岸交流的学术活动，经过几次交流后，形成了在大陆和台湾轮流举办的惯例。本次交流会由于种种原因，比原定计划推迟了数年，但经过了建筑学会和学人交流协会的共同努力，尤其是台方的精心操办，交流会终得举行。在交谈中大家都提到，学人交流协会理事长陈迈先生功不可没。我与陈先生此前就相识，知道当时已75岁的陈先生（图1），出生于上海，是建筑界的前辈。他自1949年去台湾后曾有8年学徒、送报、收银及从军的人生历练，后入成功大学就读，以后又曾去瑞士联邦理工学院和美国麻省理工学院留学。1974年与费宗澄先生共同创立宗迈建筑事务所，在设计博物馆、体育、医院、办公、商业建筑和高科技厂房等方面均有专擅，事务所的作品多次获得台湾建筑奖。除繁忙的业务工作外，陈先生还热心于建筑教育和建筑师执业的各种公共活动，尤其是近年就任台湾中华全球学人交流协会

图1　中华全球建筑学人交流协会会长陈迈先生

理事长后，更是花费了大量精力促成两岸交流活动的实现。陈迈先生在欢迎致辞中提到"大家格外珍惜这次来之不易的机会"，除亲自到机场迎接，精心筹划安排活动的每一个细节，最后还专程赶到高雄与代表团话别。陈先生被誉为"洋溢着中国文人与艺术家气质的建筑师"，确实名不虚传（后来才知道，陈迈先生的胞弟就是国内原卫生部部长陈敏章先生）。陈先生的合作伙伴费宗澄先生2002年曾与我在瑞士洛桑国际奥委会的学术会上相识，他也专程到旅馆来看我。

　　交流协会的秘书长陆金雄在具体组织、安排、陪同上也极为费心。陆先生在法国留学时为学位论文写作曾专门来北京市建筑设计院找我收集当时亚运会设施的建设资料，此后多年虽有联系但一直未会面。2000年11月，北京市建筑设计院曾组织去澳大利亚考察悉尼的奥运会设施，我们参观悉尼歌剧院时，恰与台湾淡江大学王纪鲲教授率领的台湾建筑师代表团交汇，结果两岸建筑师在悉尼不期而遇，我通过富有特征的小胡子一下就认出了其中的陆先生。

　　由于此前我曾参加过两次两岸建筑师的会见，所以此次台湾之行又得以会见许多老朋友，像吴夏雄、朱祖明、杜国源、林长勋、邹启骕、王滨、仲泽还、张学敏先生等。回想从1988年初次会见已过去17年，但人物依旧，友情依旧，尤其张学敏先生和我是山东同乡，多年来他乡音未改，所以也增加了我们用家乡话交流的机会。在台湾除三场学术交流会外，省建筑师公会台北联络处、台中建筑师公会、嘉义县建筑师公会、高雄建筑师公会均设宴招待，其间又得以结识许多同行新友，如苏泽、王文楷、蔡敏文、潘冀、陈格理、江哲铭、许俊美诸先生，而台北市建筑师公会的两位女性理事赵家琪和刘丽玉更显示了她们的热心与周到。通过交流，大家认为两岸同行面临着许多共同性问题，诸如市场、教育、管理、组织、全球化和本土化，环境和可持续发展等，需要采取更有效的措施，进一步加强两岸建筑界的交流，尤应加强两岸青年建筑师间的交流和了解。

　　在回到北京后，曾以以下的短句概括此次交流印象：

岁末初寒宝岛行，旧友新识笑相迎。

拉鲁岩浮涵碧影，阿里峰巅耀赤城。

一席畅议持续论，两岸热诉手足情。

南北走访嫌日短，海天遥望玉山青。

二

代表团一开始的活动在台北市，承台北市都市发展局何芳子先生和林崇杰先生的介绍以及实地考察，使我们对台北的城市发展和远景规划有了一个初步的了解（图2~图4）。

据考古发现，在4000~5000年前台北盆地即有人类活动，2000多年前《禹贡》所称的"岛夷"、《汉书》所称的"东鳀"都与台湾有关，《后汉书》所称的"夷州"即今台湾，宋元时闽南渔业活动，居民多有迁入。元朝时曾设巡检司管辖全岛，"台湾"名称的由来据说即源于台南一个重要海湾"大湾"的谐音，并在明万历年间在全岛使用。17世纪初台湾曾遭荷兰及西班牙占领，到明永历15年（1661年），郑成功驱逐荷兰人收复台湾，清康熙22年（1683年）清兵入台设台湾府。光绪11年（1885年）设台湾省。台湾政治经济的发展最早是在南部台南、嘉义、凤山、彰化等地，台北则在距今300年前开始开发，光绪元年（1875年）获准台北设府，当时清钦差大臣沈葆桢上疏就提到："台北口岸四通，荒埂日阙，外防内治，政令难周。伏查艋胛，当鸡笼龟仑两大山之间，沃壤平原，两溪环抱，村落衢市，蔚为大观。非特淡兰扼要之区，实全台北门之管钥，拟于该处创建府治，名之曰台北府。"后首任巡抚刘铭传移驻台北府，于1879~1884年兴建台北方形石城，墙高一丈五尺（约5米），城周1506丈（约5020米），所以台北市在2004年庆祝过建城120周年。

据台北市发展局介绍，台北位于台北盆地的中央，北、南、东三面环山，面临淡水河，依山傍水，加上多雨湿润气候，形成了丰富的自然生态景观。台北市的总面积为271.8平方千米，设12个行政区。2002年统计全市人口262万，城市人口密度为9 645人/平方公里，其人口增长率为5.57‰，居民受教育程度大专以上45.36%，

图2 台北街头
图3 台北市城市规划示意图
图4 台北远景

图2 图3
图4

高中29.51%。在经济上，台北的第一产业占0.2%，第二产业占19%，第三产业占80.8%，其总就业人口中从事第三产业的人占78.8%。台北的交通有60余万辆汽车，近百万辆摩托车，有捷运路线6条共67千米；为发展公共交通系统，开辟了3条公共汽车专用道，并规划了一系列自行车环状道路和蓝色公路——水域航线。

台北的城市规划最早是在1905年日本占领时的"市区改正计划"，计划城市人口15万，并出于军事目的开始拆除城墙，把3万多条城墙石用于建筑基座、下水道和监狱围墙。为此前不久台北的城建纪念活动中就有了"大家来找城墙石"，"局部城墙复建工程"等内容。1932年的"大台北市区新计划"中将城市人口规划为60万。1945年台北成为省辖市，1967年成为"直辖市"，在1968年提出"台北市纲要计划"，规划人口250万，并规定了日后发展的总体架构。此后在1979

年和1996年又分别制定台北综合发展计划及修订，把计划人口预定为350万，提出了"生产环境国际化，生活环境人性化，生态环境永续化，重塑活力、魅力、永续的台北"的规划理念。在新世纪的2002年又完成"全球化趋势下台北市空间发展目标与策略研拟"，欲以"交流"、"学习"、"创新"、"再现"、"竞争"、"治理"等城市策略，加强内外联系，建立文化的城际网络。2003年又进行了"人口结构、生活形态与行为模式变迁下之都市管理策略研讨"，以此应对城市规划和空间管理所面临的新挑战。为此提出了未来的台北都市发展远景，摘其要点有如下各项：

1. 打造全球化生产环境的前瞻城市，除创新开发园区、创造投资环境外，希望通过两岸直航，提供有利的运输支援；

2. 创造优质化生活环境的愉悦城市，包括营造优质景观、特色景观、休闲空间；

3. 营造人性化生活环境的宜居城市，包括城市更新、调整增加相关设施与用地、营造多元活力社区、提供舒适人行环境等内容；

4. 展现多元化环境的文化都市，包括台北亲水轴、历史轴、文化轴的建设计划，维续历史与文化面容；

5. 推展永续化环境的生态城市，包括建构可持续城市指标系统，复育水域生态，建置城市"绿岛"、"绿廊"以形成"绿网"；

6. 提供便捷行政服务的资讯化城市，建构人性化的信息城市、提供简易、快速的市政服务；

7. 打造无忧环境的安全都市，落实防灾系统，建立防灾规划资料库等。

主人在介绍台北具有人力资源、交通、土地与流通上的优势同时，也指出其若干局限。如台北空间有限；由于发展过快，未能凸显城市的特色；在发展中偏重产业竞争力，而忽略了环境；建设计划整合不足，城市空间品质缺少整体感等。

三

在对台北的实地感受上，我们专程考察了大稻埕（音chéng）历史风貌特定专用区，这是台北再造旧市区，推动历史街区保存计划的重要案例（图5）。

清乾隆年间台北最早发展的地区即为沈葆祯上疏中提到的艋舺，这里靠水岸港口发迹，1792年清政府开放对大陆贸易后成为货物集散中心，由此带动聚落发展，当时寺庙林立，均供奉居民由大陆渡海来台时带的宗教守护神。由于纷争不断和族群械斗，1853年后败走的同安移民迁往大稻埕重建通商港口，依靠茶叶和樟脑外销，反倒异地逢生，一举超越了艋舺，使台湾全岛的经济中心也由南部米糖粮仓，转移到台北，成为台北对外最早的通洋大埠。后经清廷建设，把城内、大稻埕、艋舺连成一片，成为台北的三市街。这里到处可见昔日先民的遗迹、城市发展的印痕和记忆。为了振兴老区、重现风采，台北提出了"翻转轴线"，把老区中具有历史文化价值的设施进行保存、修复、改造，促进城市的再发展。1988年城市计划委员会将大稻埕地区定为"特定专用区"，目前区内有77幢具历史价值的建筑物，准备通过保存维护奖励及容积转移机制，使历史资源保护与民间开发权益并存；同时建立有关城市设计准则，对建筑物的山墙、立面、大样形式甚至色彩都有明确规定，以延续历史街道的传统风貌，营造新旧建筑物并存的历史街区聚落，提升整体公共空间品质（图6）。

这里特别需要一提的是有关部门为本区制订了"特定专用区容积转移作业要点"，即允许配合历史性建筑的保存，将建筑用地内的建筑容积之一部分或全部转移到另一块建筑基地，并有所奖励，这样保证了民间开发的相关权益，建筑保护工作也易于推动。据统计到2003年10月底该地区已有20件成功的实施案例，应该说是维护历史性建筑、奖励民间参与保存工作的一次尝试。

为营造可持续的生态城市，我们也注意到在举办"大陆建筑师设计作品展"的会场，同时还展出了"2004年台湾建筑奖获奖作品展"和"第二届优良绿建筑设计作品展"，尤其是后者分为绿建筑贡献奖和绿建筑设计奖两种，作品虽不多，但都有明确的指标来检查：

1. 绿化量指标，如绿化率，多层次绿化等；

2. 基地保水指标，如裸露地面处理，透水性铺面等；

3. 日常节能指标，如外墙节能、热复合墙、朝向、减少东西向开口、凹窗、遮阳、气流引导措施等；

图5 大稻埕城隍庙
图6 大稻埕街景

4. 水资源指标，如地下室储水，使用节水便器和龙头，隔油槽等；

5. 污水垃圾改善指标，如垃圾分类回收；

6. 废弃物减量指标，如采用木结构；

7. 室内环境指标。

在创造可持续的生态环境方面，两岸还有很多可交流的课题。

四

地处外双溪的台北故宫博物院（图7）是游客必去之地，不仅因为2004年这里曾与北京故宫博物院一起，举办了纪念80年前经清室善后委员会决定的博物院开院的仪式，同时还想一睹在文物南迁以后被运到台湾的那些国宝的风采。

传说中的台北故宫宝物中最著名的是"翠玉西瓜"、"夜明珠"，但听来过台北故宫博物院的人介绍，最常被提到的镇院之宝就是"翠玉白菜"和"肉形石"，就好像是卢浮宫中的维纳斯和蒙娜丽莎似的。"翠玉白菜"巧用了玉的白色和翠绿色，雕出了筋络分明的白菜和栩栩如生的两只昆虫，加上清末的传奇故事使它成了"明星展品"。而"肉形石"因酷似红烧肉而闻名遐迩。过去我一直以为就是一块天然石料，但看了介绍以后才知道还是经过人工加工的，经过染色、钻点，也就是经过"巧雕"才形成现在几可乱真的模样，虽然不得不赞叹"真像"，但其艺术价值在心中也减了若干分。

我对于文物素来并无研究，但从历史和文化价值看，更急于一睹闻名已久的毛公鼎和散氏盘。因为估计这是一定可以看到的，而书画珍品未必都会展出。和这儿的工作人员交谈时，他们也认为这里的青铜器无法和大陆相比，因为大陆历年陆续出土了大量国宝重器，有的专家提到北京故宫藏历代青铜器1.5万件，是收藏量最多的一家博物馆，台北故宫仅藏有5615件。毛公鼎和散氏盘都是西周晚期的青铜器，器型不很大，看上去也不起眼，但均以其铭文数量和内容而闻名。毛公鼎（图8）口径47.9厘米，有铭文499字。在清末道光年间出土，历经周折后收归国有。文字记载周宣王即位之初册封他的叔父毛公为宰相，追述了周文王、武王创业，记载毛公辅佐王室治理国家，以及宣王的各项赏赐，毛公铸此鼎以志永世不忘。除历史

图7

图8

图9

图7 台北故宫博物院

图8 毛公鼎

图9 散氏盘

价值外，专家还认为："学书不学毛公鼎，犹儒生不读《尚书》也。"散氏盘（图9）口径50.6厘米，清康熙初年出土后存宫内，经故宫博物院第二任院长马衡鉴定为真品，内有铭文357字，记录了西周时期土地调解和议制度，是2800年前的外交和约文献，其铭文结构奇古，线条圆润，被称为"学习大篆的范本"。

对于书画藏品，台北故宫藏有元以前的书画729件，在数量上多于北京故宫，其中王羲之的《快雪时晴帖》，怀素的《自叙帖》，苏轼的《寒食帖》等都是国宝名迹。尤其值得一提的是王羲之的《快雪时晴帖》（唐人摹本，28字），王献之的《春秋帖》（宋米芾临本，22字）和王珣的《伯远帖》（47字）被乾隆收藏后，称为"三希帖"，目前除在台北的第一件外，后两件被大陆在解放初以50万港币重金由香港购回，目前三件国宝虽均在国人之手，但不知何时能够联袂展出。这件国宝虽然没有看到，但也看到一些倪云林、祝枝山等名家的手迹。

过去脑子里常有一个问题，两个故宫博物院，谁的展品更多，更有价值。从台北故宫的介绍中看到，这里南迁后运台及征集文物共65万件，其中器物7万件，书画1万件，图书文献57万件。而北京故宫原有藏品960万件，经过几次划拨移交，目前藏品150万件（其中24万件是1949年后征集的），从价值看可说是各有千秋，反正这些都是属于两岸中国人民的共同财富。[①]

台北故宫的建筑物始建于1960年，竣工于1965年，由台湾建筑师黄宝瑜先生设计，屋顶为黄色剪边绿琉璃瓦盝顶形式，以后又曾陆续扩建。我们去时也见到多处搭有脚手架，似正在建设之中。黄先生是江苏江阴人，1945年中央大学毕业，后曾组织大壮建筑师事务所，并在中原大学任教。在1988年的海峡两岸建筑师会见活动中，我曾见过黄先生，当时他已移居加拿大，那次会见有两岸建筑师互赠礼品的活动，我有幸收到了黄先生的礼品。那是一组深蓝紫色的瓷制"尼斯湖水怪"，构思十分巧妙传神。这次接待我们的苏泽先生也参加过这一工程，还特别提醒我们注意墙面深褐色面砖上的篆字[②]。从现在情况看，两岸故宫的展出面积、规划都不能令人满意。不过，从介绍材料看，台北故宫从2003年起推动故宫文物数字典藏系统研制、故宫文物数字博物馆建置、加值应用计划和故宫文物数字学习三项计划，内容

① 2011年1月北京故宫博物馆发布，经7年的清理，其藏品数目超过180万件。

② 由近年得知黄宝瑜先生还精于篆刻治印，故与此不无关系。

图10 张大千故居内陈设及蜡像人物

还是很庞大的。

台湾同行还专门为我们联系了属台北故宫管理的张大千纪念馆，参观这里必须事先联系，每天只接待50人，每次进入10人。纪念馆位于距故宫很近的双溪溪水分流处。张大千（1898~1983年），四川内江人，是富有传奇色彩的一代宗师，20世纪30年代徐悲鸿先生曾写有"五百年来一大千"的赞誉之词。他除书画之外，在诗词、鉴赏、金石、收藏、游历、烹饪等方面均有独到之处。纪念馆是他自己设计的两层四合院住宅，于1976~1978年建设，并终老于此。住宅占地1910平方米，建筑面积733.9平方米，主人起名为年"摩耶精舍"，意据佛经典故，释迦牟尼在母亲摩耶腹中，有三千大千世界而名。馆内一切均按大千先生生前使用情况布置，一层有客厅、画室、小会客室、餐厅等，二楼有小画室、裱画室与卧室等。客厅里挂有1956年大千先生在法国会见毕加索的照片，就是在那次会见时毕加索曾说："不要说巴黎没有艺术，整个西方，白种人都没有艺术……谈到艺术，第一是你们中国的艺术，其次是日本的艺术，当然，日本的艺术源自你们中国，第三是非洲的黑人艺术。"这些话堪称独具慧眼。画室中画案旁有大千先生作画蜡像，栩栩如生，桌上放置猿猴标本一只，盖因先生有黑猿转世之说，故常戏猿为乐（图10）。

精舍的花园也是先生苦心经营制作，小桥流水，花木扶疏，曲径通幽，内置茅亭两座，分别名为翼然、分寒，远近景色尽收眼底。翼然亭上对联书"独自成千古，悠然寄一丘"。另有一座供烤肉的"考亭"，烤肉架为张学良先生所赠。园内各色盆栽、松柏、荷花、梅花、锦鲤、叠石等物，均可体验大千先生之禀赋及趣味。先生去世百日后，家属遵其遗志全部捐出。为纪念先生，大陆也正准备成立"张大千书画院""张大千艺术研究基金会"等，一系列以"大千文化"为主题的活动陆续展开，也是对张大千先生的极好纪念。

五

建筑学人的交流自然免不了对城市和建筑的参观交流，利用这个机会对台湾的新老建筑能有所了解。新建筑如美丽华百乐园（图11、图12）、剑潭青年活动中心、台北101大楼（图13、图14）、园山大饭店（图15）、世界贸易中心、东海大学、第二高速公路清水服务区、"9·21"地震教育园区（图16、图17）、日月潭涵碧楼（图18、图19）、高雄85大厦等。因系走马观花，也只能谈个大致印象。

台北美丽华百乐园是陈迈先生及其事务所的近作。评论认为"他们将建筑视为

图11 美丽华百乐园

图12
———
图14 ｜图13

图12　百乐园室内
图13　台北101大楼
图14　台北101大楼内景

图15　圆山大饭店

时代科技的产物，秉持一贯的功能主义"。这里是台北市大直再开发地区的重要设施，用地面积为2.5公顷，总建筑面积12.6万平方米，其中商业营业面积8.2万平方米，经过6年的建设，在不久前刚刚开幕。其总体布局为L形，中间为一斜向的中庭，将设施分为主馆和漾馆，地下3层，地上5~9层，除美食街、精品屋、儿童乐园、各国餐厅料理外，在主馆6~9层还设有美丽华华纳威秀影城。其中三星IMAX有406席，其巨型银幕高21米，宽28米，另有9个小放映厅计2563席，其中有高达一层楼的银幕。这完全是现代商业空间的设计方法，并在斜面形的屋顶上形成了抽象的构图。对这个体现全新购物娱乐概念的综合设施最引以为骄傲的就是号称全亚洲第二的台北新地标大转轮观览车，直径70米，高度100米，48个车厢可搭载288人，环绕一周约17分钟，在夜幕中随着"天之乐"、"地之彩"与"风之舞"的主题变换，呈现3~7分钟各色光线的表演，营造出如同梦幻一般的气氛。

　　2004年底台北101大楼高层办公部分正式宣告竣工，此前低层商业部分已在2003年11月使用，对此，已多有文章报道介绍。我们去时正值高速电梯验收，所以也未能到达89层的观光层。大厦的设计人是李祖原先生，我在国内曾与他多次见面，他1938年出生，成功大学毕业后在普林斯顿大学获得硕士学位，1966年起创办李祖原建筑师事务所，除台北101大楼、高雄国际85广场、高雄长谷世贸大厦等超高层建筑外，宏国大厦、中台禅寺、大安国宅等作品也很引人注目。李先生在大陆业务也很繁忙，已有多幢作品建成。这次也因其本人在四川而由他的助手黄文旭先生做介绍，台北101大楼的四大设计理念为：新城市、新文化、新空间与新技术，介绍了"生生不息，节节高升"的立意，"以宽化高"、"登高望远"的手法。据了解李先生执著于"东魂西技"，"将一个民族最深刻的文化心灵从过去转化到现在，再渗透到新建筑的改造，为中国建筑开展新的向度"。这栋大厦的建设过程也充满了争议，如在多地震的台湾为什么要争结构体448米、塔尖508米的"世界第一"？尽管在87~92层安置了直径5.5米，重680吨，世界上最大最重的风阻尼器来维持大厦的稳定，但台北真的需要这些"第一"来改变它的城市形象吗？另外，笃信佛教的李先生在设计上采取了许多取意吉祥的东方意向，诸如竹节状的"成长盛开"，以8为单位的求"发"，巨大无比的孔方兄，以及如意、云形，也引起了人们的关注和议论。但这里坚持以本土团队为核心，引用先进的技术，用自己的双手建构出属于自己的超高层作品的做法，还是值得称道的。

更为有趣的是，主人为我们介绍台北101大楼和美丽华百乐园这两个台北的地标也都被卷入了台湾党派的选战之中。我们出发之前，正值台湾"立法委员"的选举，据称民进党的选举目标是101名，所以特地在台北101大楼召开造势大会，以求101的目标能够实现。而国民党也不示弱，随即在美丽华百乐园召开了造势大会，因为这里有台北第一的大观览转轮，寓意"风水轮流转"，建筑业也变成了政治斗争的工具。而更有意思的是，有人在台湾《中国时报》发表题为《'立委选举'泛蓝为何过半，不为人知的玄密》的文章，说位于国民党中央党部大楼后方的东门游泳池因为在风水相位上十分不利，使得国民党一直饱受"水扁"，但选前游泳池动工填平改建大楼，终于让国民党时来运转（2004年12月23日）。此说甚嚣一时，连台湾报纸也长叹"政坛大演封神榜"，称"生态怪象造就不少大师"，"不问苍生问鬼神，一到选举必打风水战"。

六

除台北以外，还有几个地方的几幢建筑也要重点介绍一下：

位于台中县雾峰乡的自然科学博物馆"9·21"地震教育园区（图16、图17）是在2004年9月21日（即地震5年后）正式对外开放的。据园区主任侯文忠先生的介绍，开馆三个月以来已有30余万人来参观，平均10万人次/月。"9·21"地震发生于1999年，震级7.3级，造成了2 413人死亡，10 002人受伤，93人失踪，房屋被毁51 000栋，财产损失在台币3 000亿左右。为了普及地震及科学知识，保存对地震的共同记忆，唤起注重防震救灾的意识，同时还推广台湾地震研究成果，选中了雾峰乡光复国中为地点，建立这个地震教育园。因为此处地层错动、校舍倒塌、河床隆起等最为典型。经社会各界捐资1.5亿台币，于2001年5月进行了设计竞赛，由大函设计顾问股份有限公司的邱文杰与庄学能事务所共同完成的作品夺得头筹。邱文杰是被称为"建筑新时代"的新锐建筑师，1985年毕业于淡江大学，后来在哈佛大学获硕士学位，据说有美国执照，还没领到台湾执照，但已在台湾取得了令人刮目相看的成绩。如1999年完成的新竹东门广场"新竹之心"就曾获得2000年台湾建筑师公会的最高奖"台湾建筑奖"

图16 地震展览馆室外及半室外空间
图17 地震展览馆室内

和2000年"远东建筑奖"。我们在途中还看到邱文杰设计的彰化福兴谷仓项目,但还未完工。"9·21"地震教育园区也刚刚获得2004年的"台湾建筑奖"。

地震教育园区目前仅为第一期工程,包括展现车笼埔断层的原中学操场,(除地震现场外,还在上面建成了弧形的展览馆,)毁坏的中学校舍和由原中学体育馆改建的影像馆。车笼埔断层长近96公里,在操场地块上下错动达2.78米,最强烈地表达了地震的瞬间。邱文杰认为,展馆的概念是由刚性结构的混凝土板与柔性结构的钢索与薄膜交织成的空间结构。前者是跑道的变形与延伸,后者依断层线有机排列,构成了以地景元素为主的纪念空间,把室内、半室外与室外三者整合成一气呵成之势,融入地景之中,也可称之为"用建筑的针,隐藏于大地的线,将此地震裂缝缝合"。邱谈到,在设计竞赛时特别引用了米兰·昆德拉的文字:"时间的无情,终将冲淡历史的记忆……"原来是"化悲痛为力量"的想法,但随着时间的进程,逐渐进入了"宁静地审视"的思考。

与邱文杰配合结构设计的是日本著名结构工程师渡边邦夫先生,是他提出了预制预应力钢筋混凝土板张拉钢索的方案,自然也造成了工程本身的难度,同时在2004年评奖时也遭到了部分评委的非议,认为"结构、理念有很多错乱的地方",设计师"忘了自身背负很大的责任",只把"地层隆起当作一个可以利用的设计方案",而"利用更多的造价去复杂化结构,结构美学是否被过度夸大……"但多数评委还是对工程的简单性、单纯性、教育性、城市性、创意性、艺术性等方面的成就予以了肯定。

根据安排,我们要在南投县日月潭边的涵碧楼大饭店住一晚,领略一下号称"台湾五星级酒店"的设计和服务,同时还安排了对庭院别墅的参观。涵碧楼原为中国宫殿式造型的饭店,曾是蒋介石避暑行宫,后于1997年由澳大利亚凯利·希尔事务所(KERRY HILL ARCHITECTS)与台湾戴育泽建筑师事务所共同设计,于2002年2月建成,曾获得2003年的台湾建筑国际合作奖。建筑师凯利·希尔(KERRY HILL)1968年毕业于西澳大利亚大学,1979年起在新加坡成立了设计事务所,其主要业务分布在南亚的一些国家和地区,如新加坡、马来西亚、印度、日本、土耳其、不丹与台湾等地,并曾获得过澳大利亚建筑师协会的几项奖励(1993年,1997年)和2001年的阿卡·汗奖。

图18　涵碧楼别墅庭院
图19　日月潭远望涵碧楼

涵碧楼大饭店位于日月潭北侧山体的制高点上（图18），潭中水景及周围山景（图19）可一览无余，用地1.4公顷，主体建筑7层，总建筑面积为2.67万平方米，共98套湖景套房及若干庭院别墅，总投资额为新台币18.6亿元（约4亿元人民币）。设计者提出的理念包括：自然解放的生活体验；极少主义的建筑形式；水景的运用；东方禅意的表达；城楼与村落意象的表达；重点式点出主题等。在现场的感觉是设计师面对绝好的湖光山色，充分利用地形，在解决各部功能和流线的同时，采用极少主义的手法，利用简单纯净和重复的形式，来表现现实生活的内在韵律，所以整体感觉十分简洁、现代，但同时也十分注重适合大众的审美情趣，因此在反对装饰起家的极简主义手法中，也利用许多点睛式的装饰和艺术品，给人以浓厚的中华文化和当地原住民部族的感受，这已超越了本身的风格，而带有时尚的特点。再加上精心经营的植栽、平如镜面的水池、精致加工的材料、各种形状的观景框……都给人们留下深刻的印象，但从日月潭中眺望饭店时，仍觉得建筑物的整体尺度稍大了一些。

在台中参观时还参观了第二高速公路清水服务区，这是库哈斯的OMA亚洲部与台湾建筑师张哲夫、张枢共同设计的，是一个提供停车、休息、餐饮、休闲的设施，由于地处制高点，又可以远眺台中县的夜景，因此十分有"人气"。用地面积10公顷，地上3层，总建筑面积1.7万平方米，于2002年竣工，在2004年台湾建筑奖的评选中成为复选入围作品。该设计利用地形的不同高差，通过坡道、台阶形成叠加与交错的空间，而位于基地中心长方形的服务区中心与两端有斜椭圆屋顶的大型洗手间形成了有冲击力的外观，加上规则有序的硬质景观及相应的绿化处理，形成了"荒凉大漠旁的绿洲——在川流不息的高速公路旁出现一个充满绿意的休息驿站"。

短短几日的走访，的确难以了解台湾建筑的全貌，虽然后来在台湾的诚品书店购得有关的参考书，台湾朋友也分赠了相关的书报杂志，但还是深感"南北走访嫌日短"。

七

访台期间还参观了一些重要的文物古迹，如鹿港的龙山寺、天后宫，台南的安平古堡、亿载金城、赤嵌楼等，虽然古迹只有几百年历史，且多经毁建，但台湾在文物保护方面的一些做法，还是给人留下了深刻印象，这里着重谈台南的观感。

台南是台湾最古老的城市，在1891年省府迁台北之前一直是台湾的政治、经济、文化中心；其市区西部的安平地区是台湾文化最早的发源地，"台湾"的名称即源于此，从1590年开始出现汉族居民点，1624年荷兰殖民者侵占后在安平筑热兰遮堡，1650年又在市中区建普罗民遮城，到1661年郑成功收复台湾后设承天府署，后来清政府又在这儿设台湾府。连战先生的父亲连横先生所著《台湾通史》中特别提到："台湾固无史也，荷人启之，郑氏作之，清代营之……"即可概括台南经历的历史，台南保存有许多台湾历史上的重要的文物古迹，计有寺庙160余座，教堂40多座，有"五步一神，三步一庙"之称。我在台南购得王浩之先生编著的《台南旧城魅力之旅》上中下3册，作者是成功大学数学系毕业的学者，却热爱古建筑，书中按8个区域列出了不同时期的160座建筑物、街道，可称是独具视角的城市阅读。

安平古堡（图20）就是荷兰人侵入后建立的贸易基地，原称热兰遮城，当地人鄙称为"红毛城"。其格局分为方形的内城与长方形的外城，两者连环重叠，内城为荷兰总督长官公署、士兵营房、瞭望台、教堂、仓库等，外城为贸易场所，有商贾宅院、办公、会议等公共建筑。史料记载城堡以糖水、糯米汁、贝壳灰与砖石构筑，非常坚固，所以文化大学建筑史学家李乾朗先生认为："荷兰人所建城堡……具有很高的研究价值。红砖与'红毛土'对台湾建筑史的影响很深远。"1662年2月，在与荷兰人对峙8个月后，郑成功进驻此城，为纪念他的故乡，改名为"安平镇城"，6月郑成功即逝世，为此，台人又称"王城"，二战以后改称"安平古堡"。由于时代变迁，古堡的当时风貌已留存不多，现在仅留有原外城南、北城墙、西南棱堡壁的遗迹。南城墙上郑成功所开边门仍在，内城部分留有半圆堡壁的残迹，现内城位置上的洋式古迹纪念馆系1930年日据时所建。另有灯塔一座，始建于1891年，后日本人加建瞭望塔，可以一览周围景色。此处立有郑成功铜像一尊，也是对他收复台湾的纪念。

赤嵌楼原为1650年荷兰人所建普罗民遮城，当地人俗称番仔楼，后称赤嵌楼，与热兰遮城互为犄角之势，但这儿更多是行政和商业中心。1661年4月郑成功先攻占此处，次年2月结束荷兰人的占领，故在庭院内立有"郑成功受降"（图21）群像一组，表现了340多年前那一段历史场景。原荷兰人建筑为三座方形台座相连而

图20　安平古堡城墙遗迹
图21　赤嵌楼及郑成功受降像

成的西式坡顶楼房，中间一栋有荷兰阶梯形的山尖，在郑成功和施琅入台时，这里作为军火仓库，此后日见倾圮，最终在1862年地震中全部倒塌，目前这里只留下厚墙、城堡大门和拱券的遗构。此后这里又曾兴建书院、文昌阁、海神庙、王子祠等中式楼阁，日据时又改为陆军医院，最后改为台南市历史馆，并在1965年重修，成为目前的歇山重檐楼阁形式，楼分三层，下部以砖石砌成，楼上飞檐雕栏，楼前有乾隆御制石碑九重。

　　亿载金城（图22）和前述的安平古堡都是一级古迹，这是1874年清朝派船政大臣沈葆桢以钦差身份来台，一方面与日本交涉要求撤兵，同时为加强海洋防务保护台南府城而筹划修建的。当时聘请了法国工程师设计，城楼利用西洋红砖砌筑，其中许多材料就拆自热兰遮城，于1877年建成。城的平面为四方形，四角突出有棱堡，城外有引海水的护城河，城上放置大炮五门，小炮四门，中央为士兵操演场，当年有清兵300人防守，这也是台湾第一座西式炮台第一道设防。沈葆

图22　亿载金城

图23 鹿港的民俗巡游

禛称之谓："四角为凸形，中为凹形；凸者列大炮以利远攻，凹者列洋枪以防近扑。"故亲题"亿载金城"四字于城入口门额之上，城内也有沈的纪念铜像。此后这里逐渐残破毁坏，直到1975年才进行了大规模的整治与重建，现存的大小炮均是后来仿制的。

　　除了文物古迹的修复重建以外，各地也十分注意结合当地丰富的人文资源和地方民俗文化活动，以重现当年风貌，促进历史街区再造。我们在鹿港时就恰逢当地祭日的大巡游，供奉各色神祇的巡游队伍延绵数公里，加上市民的踊跃参与，也十分壮观（图23）。

八

　　台湾之行感受良多，但归来之后拖拖拉拉，一直没有成稿。在2005年中两岸的形势又有了很大的发展，两岸的互动出现了许多积极的因素；但与人们热盼交流、加强了解的愿望相比，又有许多不如人意之处。就两岸建筑界的交流而言，交流虽在各层面上都有所发展，但深度和广度都还有待开拓；台湾的同行在大陆展开业务活动后已陆续有一些设计建成，但在执业和开展业务方面也还有不少问题需要研究；我们对于台湾同行在通过建筑师公会而促进会员联系，保证会员权益，提高技术水准，发挥服务精神的做法方面也希望有进一步的了解。而台湾同行面对经济不景气，采取的"增加核心竞争力"、"行业策略联盟"、"培养第二专长"等方面的策略也值得我们参考。相信两岸建筑界的民间交流在双方的努力下定会与时俱进，不断扩大。

原载《建筑学报》2006年第2期

2 枯山水园访京都

在世界庭园史中，日本庭园占有重要的一页，尤其在二战后更是引起了造园界之外，包括美术、雕刻、建筑在内的各界的注目。造成这种现象的重要原因之一，就是日本庭园的变异性和抽象性。所谓变异性就是指在日本历史上曾形成了多种形式和风格的庭园，不管是飞鸟、奈良时代（6—8世纪）的白砂和小岛的庭园；平安时代（9—12世纪）的寝殿造庭园；平安、镰仓时代的净土庭园；室町时代（14—16世纪）的枯山水；室町、桃山时代的茶庭；还是江户时代（18—19世纪）的回游式庭园，都是在某一个特定时代范围内创造出来的庭园样式，但又不像西欧庭园那样否定了古代的样式而出现样式的交替，而是在继承此前传统样式的基础上又进一步引进新的概念和体系加以变化发展而成的。因此这些样式不是随着某一时代的盛衰而废灭，而是新旧样式的同时共存和互相影响。它的抽象性则是指日本庭园中抽象的构成和近代艺术的抽象艺术有许多相通之处。对日本庭园的抽象化起着决定作用的是日本历史上的室町时代，这是指从1334年镰仓幕府灭亡到1573年织田信长消灭室町幕府为止的200多年间。这是日本历史上一个十分有趣的时代。一方面这是一个地地道道的战国乱世，大名、武士等争夺领土的战乱遍及全国，另一方面在当时特殊的时代精神影响下，美术中的水墨画，艺能中的能乐、茶道，庭园中的枯山水等相继以新的形式发展光大。尤其是这个时期的庭园表现出了高度的艺术性和精神内涵，是日本庭园史上一个光辉的时代。与此同时，中国的江南园林、西班牙的回教庭园、意大利的文艺复兴庄园，加上稍晚一些的法国凡尔赛宫庭园，共同形成了世界造园史上百花齐放的局面。

这里所说的室町时代的精神，简而言之就是由佛教禅宗的教义所产生的自然观和世界观。禅宗是佛教的派别之一，又称静虑、思惟或禅定，是坐禅修行的宗教。最初禅的思想发源于印度，魏晋时传入中国，北魏年间天竺的达摩来中国传授禅法，被称为禅宗的初祖，后在唐代分为南北二宗，即顿悟说的慧能和渐悟说的神秀，此后南宗慧能派逐渐盛行，到宋朝以后达到中国禅宗的最盛时期。日本早在奈良、平安时代（中国唐朝时）就有禅的北宗传入，但直到宋朝通过中国第一流的禅僧相继东渡，以及日本僧人直接来中国学习，才使禅宗在镰仓时期得到很大的发展，到室町时代已经十分普遍，形成了诸多门派，如曹洞宗和大应派，并深入到士族鸿儒的精神活动之中。那时，禅宗的僧侣支配着当时的学术界，掌握着文化上的指导权，因此禅宗的世界观以各种形式融合在日本民族的生活之中，同样也深入地影响着艺术、造园的创作和人们鉴赏的心理。

这个时代的庭园有各种特征，其中小庭、石庭和枯山水是最有代表性的，三者在一个庭园中巧妙地融合在一起，表现出精彩的庭园构成。枯山水最早亦称唐山水，又称干山水、干泉水。枯山水一词第一次出现于11世纪末由桔俊纲（1027—1094年）编著的《作庭记》中，这部书里详细叙述了平安时代作庭的思想和技术，其中形容平安时代所谓的枯山水是"于无池无水处立石之庭园"。因为平安时代以水庭为主流，使用了多种材料，所以这里指不用水的庭园，即虽然没有水仍要再现田园风景的庭园。进入室町时代的枯山水仍是以石表示瀑布，以白砂表示水流，用水之外的材料来表现水的构思。当然除此之外实际上还有"笼木"，即经过修剪的树木，这和平安时代的庭园使用了多种多样的材料不同；即使是树林，也多是常绿树，与平安时代的落叶树不同；而更重要的是平安时代以写实性为主，而室町时代却具有明显的象征性。所有这些区别都直接与禅宗的思想有关。禅宗主张"以心传心、不立文字，教外别传，见性成佛"。禅僧推崇苏东坡的"溪声便是广长舌，山色岂非清净身"，在他们看来这最充分地体现了禅宗的世界观和自然观，不着意于教理的分析，而主张把真理直接予以具体化。这种主张渗透了造园的理论，于是造园日趋抽象，要以自然物为媒介而悟透宇宙的真理，要尽可能地剥掉大自然具象的外衣，把能舍去的全部舍弃掉，这样最后残留下来的就只能是白砂和庭石以及少量修剪过的灌木，把宇宙凝缩在由有限几种材料所表露出的形式和姿态中。如果说石头像山一样不变形，白砂像水一样无定形，这种动和静的对立就形成了日本枯山水庭园的主要主题。

热衷于枯山水作庭的首先就是禅僧们，因为他们认为作庭有助于修禅。所以在庭园分类中有时还专门列出一种方丈庭园，室町时代作庭的名禅僧梦窗疏石（1275—1351年）在其著作《梦中问答》中提到："把山水（庭园）和修道区分开的人不能称为真正的修道者。"他们认为表现宇宙真理不在佛像和经典中，而存在于日常生活和饮茶之中，存在于作庭之中，以及自然中所存在的山河大地岩石草木之中。正因为这一点，禅的哲学为把佛教的庭园逐步引向世人的庭园开拓了道路。禅的思想认为，即使在只有100坪（约33平方米）的小庭中也同样可以凝缩超过1万坪的大庭的宇宙哲理。"缩三万里程于尺寸"，可以表现深山幽谷的雄大景趣。另一个理由就是禅僧和水墨画的关系。室町时代最流行的绘画流派是水墨山水画，而在这以前的绘画一直是注重情趣和彩色的大和绘。当时的禅僧也把水墨画作为必修的学业之一，他们学习中国巨然、马远、夏珪的笔法，然后在禅的自然观的基础上开创自己独自的意境，形成日本独特的水墨山水画。他们否定宇宙万物所存在的色彩和平面，完全通过抽象化的墨色、描线及构图，注重把对象从精神角度加以表现，在纸上表现自然生命，枯淡的水墨画成为禅僧们最爱好的美的形态，禅僧中画家很多，如如拙、周文等，尤其是被称为画圣的雪舟等扬（1420—1506年）是日本最早的具有个性的画家。在禅僧看来枯山水是"无轴的画"，他们面对枯山水庭园时，庭园就好像一幅独特的水墨画，这就像坐禅时的"公案"——一种难解的禅机。枯山水本身也是一个难解的谜，这也就是禅的思想和作庭发生了关系的由来。

由于室町时代的足利氏幕府位于京都，所以主要的枯山水庭园都集中在京都。提到枯山水的产生、发展以至到达顶点的过程，必须注意由西芳寺经慈照寺到龙安寺和大德寺、大仙院这几个名园的过程。而首先提到的西芳寺可说是枯山水的起源。

京都西山的西芳寺是在奈良时代建立的寺院，现在的西芳寺以其繁茂的树林和各色青苔而著称，故俗称苔寺，但这种状况却是因明治年间该寺经济上的困难而逐渐形成的。1339年足利将军家的武将藤原亲秀邀请梦窗疏石来到这里把建筑和庭园加以经营，使当时已经荒废的寺院为之一新。梦窗疏石不仅是有名的禅僧，也是高超的造园家，作为禅僧他获得了第七代天皇所授予的"国师"最高称号，但作为造园家却受到当时其他高僧的非难，因为他们认为这是下级僧侣的事。但从梦窗这样的名僧从事这一行业，已经可以看出一个新时代的征兆。西芳寺庭园完成于1341年，虽然也有观点认为这不是梦窗国师的作品，但大部分研究文献中还认为是他的代表作。

西芳寺庭园位于松尾山麓，前面有西芳寺川流过，庭园总面积17200平方米。西芳寺原由西方净土寺和厌离秽土寺组成，所以其庭园也由两部分组成。南部的大小两个池庭是西方净土式的池庭，北部的枯山水是秽土寺的庭园，属于蓬莱式的枯山水，这是在池泉庭园的上部利用山畔的三段石组成的枯瀑构成。在石组的上部山顶处原有小亭名叫缩远亭，上部的两段石组比较刚劲有力，下部的一段构成缓缓流动的枯瀑，三段连续的石组表现出不同的变化，形成自然而优雅的枯山水。在枯瀑流下的地方是禅堂，指东庵。这里的枯山水虽然不大，却是日本庭园中最早出现的枯山水，虽然它与以后的枯山水也有相当的差异，在技巧上不像慈照寺、桂离宫的石组那样洗炼。但人们认为这里渗透着梦窗国师参禅的真髓，只有他这样的名僧才能完成，而其他人是很不容易做到的（图1、图2）。

西芳寺之后，慈照寺在枯山水的发展过程中也是值得注意的。这里原来是足利义政（1435~1490年）的东山山庄，于1482年开始建设，历时8年完成。足利义政是庭园爱好者，他经常去访问寺院和公卿的住所，欣赏那里的庭园，几乎每年都要去观赏一次当时有名的西芳寺，因此他对自己的山庄的作庭同样也十分热心，后来就在此落发，过着禅僧的生活直到去世。这里的庭院是当时书院庭园的代表，属池泉回游式的山水庭园。1490年义政病故后依其法名改为慈照寺，经过17世纪的改造，已经失去了原建时的姿态。在义政时建成的建筑中，现仅存银阁和东求堂两栋，其中银阁为书院造的样式，是义政参禅之处，表现出清雅的禅味，慈照寺又名银阁寺即因此得名。东求堂是1484年完成的持佛堂，是住宅风格的建筑。

在观赏慈照寺本庭时给人印象最深刻的是在银阁之前分别被称为向月台和银沙滩的两个白砂堆，它们同时也是方丈的前庭。在平安时代以前，这里是举行仪式的地方，只能铺上白砂或植以草皮，是不允许种一棵树或放一块石头的，即《古事记》中所表现的"坚庭"。进入室町时代以后，仪式渐渐改在室内进行，因此室外成为无用的空间，从而产生观赏的要求。但当时并没有形成池庭，而是利用象征性

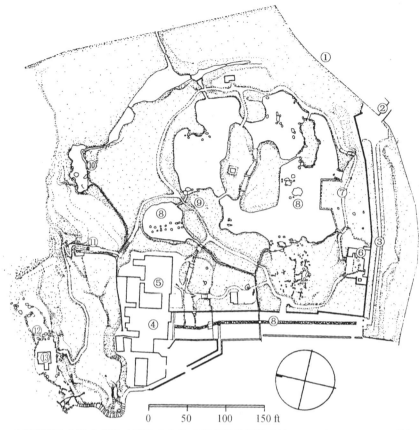

1.西芳寺川 2.桥 3.参道 4.库里 5.本堂 6.湘南亭 7.苑路 8.池
9.琉璃殿迹 10.潭北亭迹 11.向土关 12.枯山水石组 13.指东庵

图1 西芳寺平面
图2 西芳寺

的手法来表现池庭所出现的白砂堆。这里表现的是禅宗中的曹源池，即波心的禅观。所谓波心即月光在池中所反映的姿态。向月台是圆锥形的白砂堆，抽象地表现月亮在池中的形态，银沙滩是在平坦的一片白砂堆上平行做出了小垄和砂纹，表现池庭的形态。无论是从方丈还是从银阁眺望，这些白砂堆都加强了庭园白天和夜晚视觉上的美感。银沙滩南部的边缘呈曲线状，这是因为在砂堆边上存在着称为仙草坛的花坛的缘故。慈照寺以白砂为中心的创作，大大促进了枯山水庭园的发展，此后很快就出现了具有代表性的龙安寺庭园和大德寺大仙院庭园（图3~图5）。

慈照寺庭园的作者一说是相阿弥，但传说相阿弥对于作庭并不关心；因此也有人认为慈照寺庭园作者是与足利义政同时的作庭名家善阿弥（1368~1482年），他曾为义政制作了另一个庭园，但在东山山庄开工时他已经去世，所以作者仍难于判定。还有一种说法是署名"山水河原者"的作品。所谓"山水河原者"，即是从事山水（庭园）建设的"河原者"。他们是最下级的贫民工匠，由于居住在京都贺茂川的河源附近，故自称为河原者，他们从事各种作庭劳务，逐渐从作庭的工人变成专门的作庭师。1424年首次出现了"山水河原者"的名字。他们的出现，给沉闷的贵族化的传统作庭界带进了新鲜的市民生命力，15世纪二三十年代他们已经成为造园的专家。前面提到的善阿弥即是山水河原者中的名家。

龙安寺庭园，是在慈照寺庭园完成后约10年出现的。当时枯山水已经作为一种独立的庭园形式而被确定下来，所以龙安寺庭园被认为是枯山水的代表性作品。但由于文献资料不足，龙安寺庭园无论作庭年代，还是庭园作者，以至于庭园的表现内容都存在着许多争议。

京都的龙安寺是在1450年由武将细川胜元（1430—1473年）创建的，1476年应仁之乱以后，由胜元之子细川政元重建至今。因为寺的方丈是在1499年建成的，所以一般认为庭园即为此时完成的。也有一种看法认为是江户初期之作。但不管如何，在这里充分表现了室町时代发展起来的枯山水庭园的风格。

在前述的慈照寺，对于已经没有仪式使用要求的前庭那种只有简单白砂的处理，出于人们强烈的观赏要求，产生了月见台和银沙滩。它把平面的、没有任何形态变化的白砂通过立体的造型，使传统的实用庭园进一步向观赏庭园发展，而龙安寺庭园比慈照寺又大大前进了一步。因为它在白砂上又加进了山石，表现出白砂和

图3　慈照寺平面
图4　慈照寺向月台和银沙滩
图5　慈照寺银沙滩

图3　图5

图4

山石组合的造型，这和室町时代其他的枯山水相比，又有很多特色。

龙安寺庭园是设在禅院方丈前的平庭，庭园面积是337平方米，呈长方形。北面是东西约12间的方丈，东、西、南三面围着低矮的土墙，形成庭园不可缺少的背景。庭园的地形十分平坦，上面没有一棵树木，全部铺以白砂，15块灰黑色的石头分为5组配置在白砂之中，从东到西是5·2·3·2·3的布置。这是一种7·5·3的形式组合，随着眼睛的移动而让人感到一种韵律节奏感。石头的配置都是沿着方丈的纵长方向，细致地考虑了从方丈处对庭园的观赏，其中中央的3石和2石是京都附近的青石，其他是龙安寺原产的花岗石。石头周围还露出了少许地面，这里长满了绿色的青苔。整个庭园的白砂划出整齐的东西向砂纹，只有石头周围是同心圆状的砂纹。

龙安寺庭园的表现内容，由于相当抽象，所以可以有各种各样的解释。常见的说法是白砂象征海面，石头周围露出的土地象征海中的小岛，山石象征岛中耸立的高山，砂纹象征海面上的波纹。但也有另一种解释是"虎渡子"的故事，这源出于中国《后汉书》第79卷《刘昆传》：刘昆是陈留东昏人，在任弘农太守的3年中"仁化大行，虎皆负子渡河"。故以白砂象征河面，庭石比喻母虎和幼虎，表现出虎负子渡河时的意趣。作者引用这个故事，将建寺的细川胜元比为刘昆，借以歌颂胜元的功德。还有一种说法是以白砂表示水面，庭石表现16罗汉渡水场面。因为在妙心寺龙华院的庭园即是用庭石表现16罗汉。对这些解释要想判断哪一个更为正确是有困难的，可能作者正是带着让人难于理解的意图来作庭的，但不论如何，这个庭园会让人想起室町时代惜墨如金的水墨画，通过几块庭石和白砂极简单的材料来表示玄妙的禅机。也正因为人们在观赏时可以有各种解读的余地，所以在面庭观赏时韵味无穷（图6～图8）。

对庭园的作者也有各种推测。一说是细川胜元，因为他是龙安寺的创建者，但是至今找不到什么可以证明胜元对于作庭有着特别兴趣的史料，而且，在应仁之乱寺院烧毁后重建时，胜元早已故去，因此看

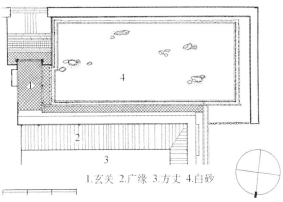

1.玄关 2.广缘 3.方丈 4.白砂

图6　龙安寺平面

图7 龙安寺石庭之一（由东向西望）
图8 龙安寺石庭之二（庭院西南角）

来与胜元关系不大。另一说为相阿弥所作，由于前文已述的原因也不可能。还有一说是金森宗和（1584—1656年）所作，他是江户初期有名的茶匠，与龙安寺相邻的西源院庭园即是他的手笔，由此而类推龙安寺可能也出自他手，但至今还未找到更充分的史料。还有一种意见是在庭园从东数，接近土墙的第七块庭石的北面刻着小太郎、清二郎（或末二郎、德二郎）两个人名，可能是作园者在这里留下的印记。从名字来看可能也是属于前述"山水河原者"一类人物，字体带有室町中期到江户初期风格。但真正要断定作者是谁，恐怕还有待于更多新史料的发现。

在龙安寺庭园完成后大约10年，又出现了大德寺大仙院的枯山水庭园。此座庭园的形式或构成达到了很高的水平，成为枯山水中最具代表性的作品。大仙院枯山水的重要特点是使用了经过修剪的植物，和龙安寺的庭园相比，更进一步表现出一种不拘陈规而追求新的表现形式的欲望。从这层意义上讲，也是一种新的实验，对于以后桃山时代的庭园发展也有十分重要的意义。

京都大德寺是禅宗临济宗十四个寺派中大德寺派的本山。大仙院位于寺内真珠庵以西，建于1509年，其本堂（方丈）建于1513年。大仙院的庭园位于书院的北侧和东侧，呈L形，在将近100平方米的庭园内布置了100多块有名的庭石。按江户后期所存的资料来看，即便这样的小庭园也分为南北两部分，可以看作是各自独立的。北面为上石庭，南面为下石庭，中间是一个联结的亭桥，起走廊作用，它的一侧是白粉墙，中间是唐式的窗洞。有一段时间这个亭桥不存在了，上下石庭变成一个庭园，现在又按旧制予以恢复。庭园的东北角以经过修剪的树木作为背景，配置三段枯瀑石组，其左侧是两个立石，右面的称观音石，左面的称不动石，抽象地表示近景的山，它的前面架设了天然石砌的桥，铺放了白砂，并用各种方向的砂纹来表示水流。桥右侧是鹤石组，左面的深处是龟石组，这是受道教思想影响的寝殿造庭园所经常出现的神仙岛的做法。东面由很多的庭石所组成的石组象征远山，水流向下部流去，在庭园的中部形成一段跌宕，在这里看到的一块较大的庭石称作船石，在它的东南部，是具有蓬莱石作用的立石，与北宋时期水墨画留山的形式极为相似，也表示持续的连山石组到这里为止，是为结束。庭园北部龟岛左侧是原始形态的石组。

大仙院石庭虽然有人认为是相阿弥所作，但更多的人认为是大仙院开山僧古岳宗亘（1465—1548年）的作品。《古岳大和尚道行记》中"端居文室，近傍者少，禅余栽珍树，移怪石，以作山水趣者，犹如灵山"，是较为准确的记载，同时研究人员认为大仙院的石材使用了青石，与北宋山水的幽玄枯淡形成了一种协调，这正是古岳宗亘的爱好。

人们认为大仙院的每一个角落都贯穿着强烈的构成美，这"是一种超自然的深山幽谷的情趣，是超感觉的美，所谓'无'的美"。即便是第一次观赏，人们也能够较好地理解这种美。这里无论是设计还是施工技术，都体现了很高的艺术价值，让人自然而然地联想到雪舟等扬的水墨山水画（图9~图13）。

到大仙院时完成并成熟的枯山水庭园的形式，对以后日本的庭园发展有很大的影响，这也是大仙院庭园在日本造园史中占重要地位的原因之一。自此以后，日本的枯山水庭园一般都是按照慈照寺、龙安寺和大仙院这三处分别加以综合或折中发展而成。特别是对于桃山时代和江户初期的枯山水庭园，决不能低估这三个庭园在其中所起的影响作用。进入江户时期以后，比较有代表性的枯山水庭园有大德寺方丈庭园、西本愿寺大书院庭园、大德寺孤篷庵庭园、南禅寺方丈庭园等。

大德寺在1324年由宗峰妙超（大灯国师）开山，以后因应仁之乱而烧毁，1479年方丈建成，并于1636年再建。大德方丈庭园是江户初期作品，因为方丈再建于1636

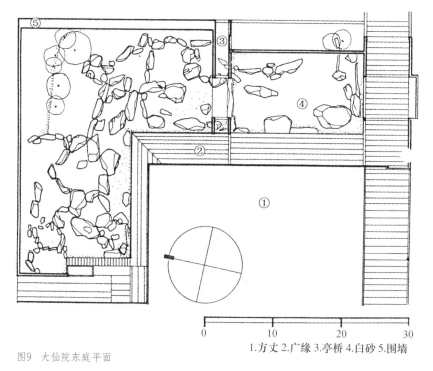

0 10 20 30

1.方丈 2.广缘 3.亭桥 4.白砂 5.围墙

图9 大仙院东庭平面

图10 大仙院石庭1
图11 大仙院石庭2

图12　大仙院石庭3
图13　大仙院石庭4

年，所以认为庭园也是那时的作品。庭园面积1345平方米，由南庭和东庭两部分组成。南庭60%面积是白砂，在庭园的一角布置石组，这是江户初期枯山水的典型形态。东南角立的两块大庭石象征枯瀑，前面一块低矮的庭石为分水石，背后的椿树修剪成起伏的波状，象征连绵起伏的山形。枯瀑是整个庭园的焦点所在，接着向西、向北断续布置了庭石，其中北面的石组与方丈东侧的东庭石组相连。东庭是以7·5·3石组与双层的修剪绿篱为主题的庭园。在一片白砂之上布置7·5·3石组基本按直线布置，但实际上石头为16块，故有人认为另一块石头可能是后补的，用以表示16罗汉。在石组后面是一层低矮的绿篱，越过一道深沟在堤上更有一道绿篱，以此作为庭园的界限。

东庭还体现了江户时代另一个借景的特点。借景的手法在日本庭园中可以分为自然主义的方法和象征主义的方法，前者如大德寺方丈庭园，后者如大德寺孤篷庵庭园。越过东庭的绿篱，眼前是人们耕作的田地，中景是以茂川以及土堤上连续的松树，远景是雄伟的比叡山，这些自然风景与白砂人工庭园浑然融为一体。但由于城市的不断开发，目前近景中景早已荡然无存，只有比叡山面貌依旧，但是借景的意境早已面目全非了。

南庭传说是禅僧天祐绍杲的作品，天祐和尚1625年入寺，于1636年再建方丈时已经离开这里，但因天祐和尚在堺的祥云寺的庭园与这里极为相似，所以有人认为他也可能是为了作庭而曾回到这里。东庭的七五三庭园传说为小堀远州的作品，因为据《龙宝山大德寺世谱》载，"寄附庭石远川宗甫居士作"。

日本民族自飞鸟、奈良时代以后，相继引进了中国大陆的文化，在作庭上结合本民族的自然、风土、宗教、审美特点，产生了进一步的飞跃，创造出了具有独特风格的各种庭园形式。枯山水庭园即是其中最为突出的一种。虽然它是在佛教禅宗主观唯心主义思想的影响下产生和发展起来的，表现了一种幽玄深邃的风格，是一种主观唯心的艺术。但就其形式和构成而言，长期以来还是受到日本人民的喜爱，尤其是战后广泛地为日本建筑家和造园艺术家们借鉴和发展。小到住宅前的小面积庭园，大到重要公共建筑的公共庭园，都有着在枯山水基础上加以创新的现代新庭园，这些成为表现日本建筑中的传统特色的一种重要手段。枯山水和现代艺术的材料做法相结合，必将会有更进一步的发展（图14、图15）。

原载《古建园林技术》1988年第3，4期，收入本书时有修改

图14　现代日本建筑中的枯山水例一
图15　现代日本建筑中的枯山水例二

3 日本民家园采风

日本的"民家"在中国的对应名词就是民居。"民"字在古代即指庶民之意，又有一说称即指农民，所以民家在日本名词中是指具有传统样式，又是庶民的住所，实际上是包含农民、渔民、商家乃至工匠等一般中下层庶民的住所，有时也加上江户时代的武士住宅。随着日本城市化和现代社会的进程，这些有着悠久历史的民居也在迅速消失，这也引起了许多有识之士的忧虑，如何将这些历史遗产和实物原汁原味地保存下来，也是不断探讨的课题。由此也出现了一些把古民居实物经测绘、研究后，集中到某一集中地点加以保存的民家园，如神奈川县川崎市多摩区的日本民家园，大阪丰中民家集落博物馆等。由于川崎的民家园离东京较近，所以我在1982年专门去做了一次民居采风，并收集了一些有关的资料。

川崎的日本民家园从东京乘小田原线在向丘游园车站下车后，步行900米左右即可抵达，园区用地是多摩丘陵区的一块坡地，占地3.3公顷，绿化十分浓密。这里实际是一个以古代日本民居实物为展出对象，借以表现日本的庶民生活史的野外博物馆。川崎市从1965年起就从日本各地挑选一些代表性的民居，或因民居主人要在原地改建新住所而将原有住所捐赠，搬到这个集中的环境里按原样复原保存，并于1976年正式开园。我们去采风时这里已经移建了19栋民居，其中有7件为国家重要文物，一件为国家指定有形民俗文物，另外有6栋在移建到这里以后，被神奈川县指定为重要文物。其展出项目及内容见图1和表1。

日本古老的住居形式可分为竖穴型、平地型和高床型几类。竖穴型一般为圆形或圆角的方形，从地面挖下几十厘米，平面直径5～6米，很少超过10米，在中间立4根木柱，上面用梁连接成正方形，然后由椽、檩等形成屋顶。高床型的代表是

表1 日本民家园展示建筑一览

序号	名称	原所在地	年代	备注
1	旧铃木住宅	福岛县福岛市松川町	18世纪后期	神奈川县指定文物
2	旧井冈住宅	奈良县奈良市高畑町	18世纪初期	
3	旧三泽住宅	长野县伊那市西町	19世纪中期	神奈川县指定文物
4	水车小屋	长野县长野市	江户时代	
5	旧佐佐木住宅	长野县南佐久郡	1731年建 1747年扩建	国家重要文物
6	旧江向住宅	富山县东砺波郡上平村	18世纪中期	国家重要文物
7	旧野原住宅	富山县东砺波郡利贺村	18世纪中期	神奈川县指定文物
8	旧山下住宅	岐阜县大野郡白川村	19世纪初期	神奈川县指定文物
9	旧作田住宅	千叶县山武郡	主屋17世纪后期 土间18世纪中后期	国家重要文物
10	赊选的高仓	鹿儿岛大岛郡	19世纪末	
11	旧广濑住宅	山梨县盐山市	17世纪后期	神奈川县指定文物
12	旧太田住宅	茨城县笠间市	主屋17世纪后期 土间18世纪中期	国家重要文物
13	旧北村住宅	神奈川县秦野市	1687年	国家重要文物
14	旧清宫住宅	川崎市多摩区	17世纪中期	神奈川县指定文物
15	旧伊藤住宅	川崎市多摩区	17世纪后期	国家重要文物
16	蚕影山祠堂	川崎市多摩区	1863年	
17	旧船越小屋	三重县志摩郡	1857年	国家指定有形民俗文物
18	菅的船头小屋	川崎市多摩区	昭和初年	
19	旧工藤住宅	岩手县紫波郡	18世纪中期	国家重要文物

（资料来源：日本民家园介绍）

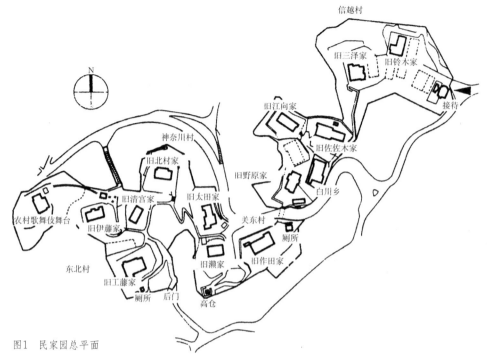

图1　民家园总平面

始建于7世纪的伊势神宫，因为每隔20年就要在相邻的地段上按原样重建，被称为"式年迁宫"，所以也保留了原始高床型的样式。而平地型实际介于两者之间，因为浅的竖穴和低的高床实际就是地面上的民居了，随着屋顶结构的进展，墙壁和木板地面的出现，平地型逐渐从12世纪以后发展，但最早的实物已无法寻找，只能找到一些基础遗迹，农家的实例一般都要到17世纪后期了。

　　表现出日本民居特色的主要有以下几个要素：首先是屋顶，形式有两坡、四坡、歇山、攒尖及半歇山，材料主要为草顶，也有木板和树皮，瓦顶多用于城市中，其屋顶与中国民居的区别一是其坡度是直线的，没有中国的反宇形式；二是其挑出较大，可能缘于日本多雨之故。第二个特点是其结构形式，日本民居都是木结构，因天然林木分布在全国，材料取得和加工都较方便；另外搬运也较容易，尤其在利用水运时，由此也影响了民居的平面形状大都是如矩形般的直线。第三个特点是平面布置上的几种模式（图2），其中二室型、广间型和四间型属农村民居的典型类型，因用地较自由，所以在面宽上比较自由，进深并不很大。而并列型和町屋则属城镇民居的典型类型，因为城镇民居都是沿街布置，所以沿街的面宽就要受到限制，而且在街面上还要布置商店的门面或作坊，另一方面房屋的进深相对就比较深。民居的平面布置以"间"为单位，总尺寸一般均为半间的倍数，每间的尺寸在民居中一般为1.8～1.9米。

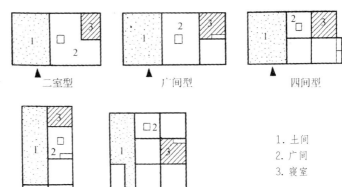

二室型　　　广间型　　　四间型

并列型　　　町屋

1. 土间
2. 广间
3. 寝室

图2　日本民居的基本布置形式

民居中的主要房间有以下几种：一个主要空间称"土间"，当由室外进入时总是先进入土间，有时又称庭、居间等，其地面多为一般土地面，或夯土或用石灰拌砂、麻刀等，供作业、炊事、洗澡之用，有时还划分出小间作为养马的马厩、杂物间、做大酱的房间，同时还设炉子、水池等。另一主要房间称"广间"，是民居的中心，供吃饭和起居之用，地面常是高出土间的木板地面，设1～2个下凹的地炉（日语称围炉），有炊事、取暖和照明之用，地炉的大小由半间到一间不等，上面用钩子吊着锅或罐子，也可以用来烘干衣服。围炉而坐时的座位也有讲究，一般离土间最远，离后面房间最近的是上座，而与之相对的就是末座。广间有时也可称为居所、常居、茶之间、座敷、居间、中之间、御上、横座等。另一个主要房间称"寝间"，即卧室，大部为木板地面，也有铺榻榻米的。寝间又可称作部屋、寝床、纳户等。另外，根据民居的规模大小，有的也设有供客人用，或举行婚礼等仪式，或专设佛坛的房间称"客座敷"，也可称为出居、座敷、表等。这都是由于地域不同，功能有所变化而房间的称呼也随之改变。

川崎民家园主入口在用地东侧，依曲折前进的参观路线分散布置着各式民居，但其组团的布置上也考虑了地域、功能或形式的相近。第一组的铃木家、井冈家、三泽家和佐佐木家都是在当时农村中或城市中除居住外还有商店或住宿功能的民居，为了再现原有的风貌，在道路宽度、排水沟布置上都力求保持原状。铃木家属于江户时代末期比较典型的可作旅店使用的民居，大多数房间铺了榻榻米，总建筑面积158.5平方米，面宽4间半，进深10间半，除沿街有商店的店面外，店面后即为寝室，供家族聚会和吃饭，地炉在土间的最后面，土间中还有可容十几匹马的马厕。这个住宅把自用部分和客人住宿部分明确地分开，同时，这个民居还充分利用高度设了夹层，明治初年时可供女客使用。由于有了夹层，立面也就有了特点，四坡草顶，而在夹层上是格子窗，下面专设了由薄木板制成的通长挑檐，下面挂着类似商店招牌的暖帘，使立面很具特色（图3、图4）。

　　井冈家属于奈良市内街道上的民居，又称町屋，面积103.2平方米，原以卖油为业，后在邻村收养了卖线香业的养子，故又称"线香屋"。沿街开间为五间半，

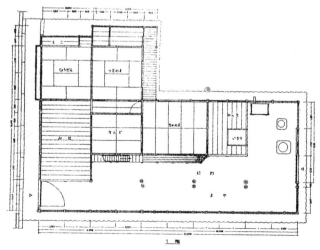

图3　铃木家外景
图4　铃木家平面

进深七间，是典型的并列型平面，屋顶为瓦顶两坡（图5）。三泽家原以农业为主，江户末期改为制药和售药，明治初年时还兼营旅店住宿，加上户主历代充当村吏或村长，在当地也是有身份的人家，面积171.2平方米，除了平面是比较复杂的町屋型外，同时在住宅的最右侧突出有一个小门楼，里面建筑又稍微后退，从而形成一个小前庭，这种布置形式在江户时期只有武士住宅才有资格具备，一般百姓是绝对不允许的。估计那时三泽家作为村长需要接待前来视察的上级官员，所以私自用了显示级别档次的门楼，同时也可夸耀自家的身份（图6、图7）。

佐佐木家也曾是村中的里正，住宅比一般农民的大，达226.02平方米，更为珍贵的是家中还保存着200多年前建设住宅时所留下的文书。一份是享保16年（1731年）为改建住宅向官府提出的申请书，书中提出因家屋破损需按原面宽9间半、进深4间的茅草顶加以翻建，原有材料不足时可以用少量房前的落叶松，施工的时间就是当年的秋天到来年的春天。在申请书的后面还附里村负责人的意见并上呈，这一文件表明当年要新建翻建住宅时必须得到官府的批准，并在规模、用材等方面均有所限制。但在1965年因住宅迁建进行详细测绘时却发现了多处与申请书不符之处，如新建住宅的面宽大了1间变成了10间半，进深4间在一些地方变成了4间

图5 井冈家外景

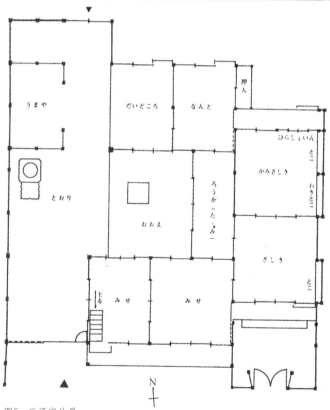

图6 三泽家外景

图7 三泽家平面，图右即为突出门楼

半，而且所用的材料中真正旧的材料很少，绝大部分都是新的落叶松，看来也属于暗地"违章"之列。由于在1742年这里遇到了水灾，从当年11月到次年3月进行了房屋的迁建，佐佐木家又保留着当年迁建时所记录的账目，内容包括当时建筑解体、搬迁、组装、涂饰时同村有185人前后来帮过忙，其中还有人带了马匹一起来，另外还记录了屋顶所用麻和茅草由何处购入，购买的木材除3根柱子外，只有板材和椽子。表明这次迁建没有做太大的扩充和改动。另外还保留了1747年座敷向外扩建时的账目记录，佐佐木家原是类似4间型的平面，这时又要扩充两间，账目记录了12根短柱，落叶松的柱间横板、姬小松的板材的支出，甚至包括4个壁柜用去424文钱，上面的拉手用去132文钱等细目。由账目中看出这次扩建的总费用约为10两，其扩建面积10坪（约33.3平方米）左右，由此可推断出当时造价约为1两/坪。佐佐木家之所以被指定为国家级重要文物，想来和这些珍贵史料不无关系。最后在迁建时到民家园决定依照1747年扩建后的平面形式，于1967年完成了复原（图8～图10）。

　　第二组民居包括本州中部地区富山县和岐阜县的几栋农村民居。这几个地方

图8　佐佐木家外景

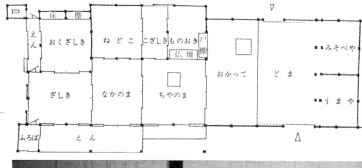

図9　佐佐木家平面
図10　佐佐木家内景（由广间望茶之间）

长期以来由于交通不便，一直以40～50人的规模聚族而居，过着自给自足的世外桃源生活。其民居最大的特点就是有着坡度很陡的歇山草屋顶，仅屋顶就高耸达13～14米，其山墙形状也接近正三角形，因形状如人的合掌，所以称之为合掌造。出现这种屋顶形式的原因一方面因为冬季雪很大，积雪可达50～60厘米厚，坡度陡的屋顶易于让积雪滑落。另外，对于积雪荷载，歇山屋顶比四坡顶更为牢固。同时考虑到与其分散成几栋建筑，不如集中在一栋建筑中在冬天更方便，因此每一家一户都是一栋高大的建筑。同时当地还有养蚕的副业，一般在上部屋顶内可以分隔成2～3层，搭上板子以后就可以养蚕或存放杂物，所以在山墙上也做上了通风窗。

有意思的是最早欣赏和评价合掌造民居的并不是日本学者，而是一位德国建筑学家布鲁诺·陶特（Bruno Taut，1880—1938年），由于受纳粹德国法西斯的迫害，他离开德国于1933年5月到达日本，在完成了对日本传统建筑的调查后，他对贵族的住宅如桂离宫的书院造，对农民的民居合掌造都大加赞赏，并写了专文加以分析，由此，引起学界的高度重视，被认为不仅在建筑学，而且在历史学、社会学、民俗学等方面都有极高的研究价值。

合掌造中的江向家，野原家和山下家前两者属富山县，后者属岐阜县。两地之间又有若干不同之处，如主入口富山县多开在山墙一侧，山墙上的歇山顶是草顶，入口里面是土间，而岐阜县多开在两坡一侧；歇山处的挑檐为木板顶，也没有土间，而代之以木板地面的"臼庭"作为炊事作业空间。在内部隔断的处理上也有不少细微的区别。以江向家为例，其建筑面积154.64平方米，1967年成为日本国家指定重要文物。这是一个较典型的四间型平面。土间的当中用板壁一分为二，右侧是马厩和酱屋，马厩比地面还要低一些，四周围以石条，中间放入草和树枝，准备在马踏烂以后做肥料之用，马厩的一角还可作为小便处，而大便处原在房屋外面另设。靠近板壁处的灶并不是炊事所用，而是用作煮制纸的原料或制作大酱。而相对一面是水池，用引水管把水引入。土间面对的右手房间称之为"御家"，为主要房间，有居室、餐厅兼厨房之用，中间是凹下的地炉，与御家相连的两个房间一间是卧室，另一间也是居室，也设有地炉，可供家人使用或临时客人居住，这里也设了对外的出入口，分析可能是在特殊的节日时作为客人的入口。而对角的那一间则称

图11 江向家外景

为"御前"，房间里的正面龛笼设了佛坛，房间铺了榻榻米。这个地区自古以来属于佛教的真宗一派，由于信仰的虔诚，家居都装饰有华丽的佛坛，成为这一带区民居的一大特色。江向家的修建年代并没有文字资料留下，但有关学者从隔断和结构的形式考证判断，认为是当地最老的建筑之一，估计至少有250年以上的历史（图11～图15）。

第三组是关东地区的民居。关东地区除东京都、神奈川县外，还包括千叶、茨城等五个县，作田家和太田家就分别是千叶和茨城的民居，清宫家和伊藤家是神奈川县的民居。作田家距海岸不远，面积253.54平方米，从外观看去和农家无异，也是比较典型的四间型，但分成了6小间，由于作田家主人长期以渔业为主，是有一定社会地位并雇佣了许多渔民的家庭，所以在土间里设置了存放渔具的房间。建筑的中心称为"上间"，有24帖榻榻米大，除地炉一侧布置有佛坛和床间，朝外的一面是格子窗，加上屋顶的木曲梁，充分反映了早年建筑的形象。在几间卧室、茶间、中间、纳户之外，有走廊可通向厕所和浴室。作田家的屋顶则是主屋和土间分别有各自的四坡草顶，其屋脊方向是互相垂直的。在屋顶下部相接处设了雨水天沟，并用雨水管排除雨水。这种内部一体，而屋顶一分为二的住宅形式在日本称为

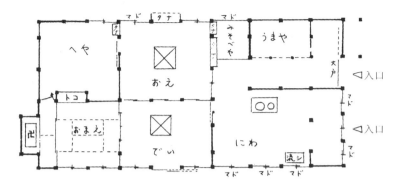

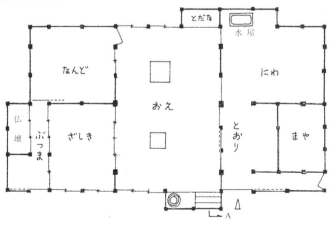

图12　江向家平面
图13　野原家外景
图14　野原家平面

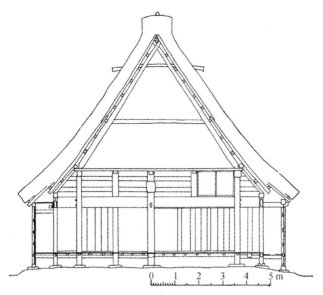

图15 野原家剖面

"分栋型"，在日本南方，太平洋沿岸若干地方，关东地区的一些地方也都曾有过。但千叶县则是通过作田家的复原，证明这一地区也曾经存在过分栋型的民居。建筑解体时专家判断主屋部分为17世纪后半叶所建，土间是18世纪后半叶所建，浴室则建于1850年。作田家后裔后来改营酱油业，并于1967年将老屋捐赠给川崎市，于1970年定为国家重要文物。

太田家的建筑面积161.45平方米，也是把主屋和炊事用的土间（也称釜屋）分为两个屋脊垂直四坡草顶的分栋型。太田家是当时比较富裕的农家，从保存的文书看曾任明治初期的村长，从建筑平面看土间特别大，几乎和居住部分相当，而且土间要凸出居住部分一间半左右。专家从平面和结构判断，太田家最早建于17世纪末期，后来太田家要在原地兴建新的住宅，于是在1967年将老屋捐赠给川崎市（图16～图20）。

关东地区另一栋北村家和佐佐木家一样，是可以肯定其准确建造年代的民居，因此也被日本指定为重要文物。这是一个广间型平面，面宽8间，进深10间，除土间以外，其他部分挑出半间，与相近的民居比较，就是内外墙壁都较少，显得更加开放。广间的外墙采用了称之为"狮子窗"的格子窗，原来这是一种防御性很强的上翻窗，但这里柱间全部采用格子窗，主要是考虑到做裁缝或机织等家务，采光的要求比较高。另外，大部分民居的卧室从防寒和安全考虑，都是墙壁很多的封闭

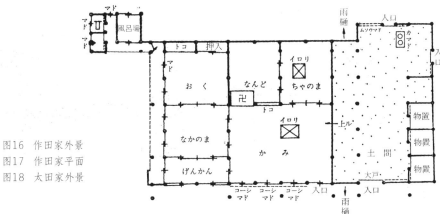

図16 作田家外景
図17 作田家平面
図18 太田家外景

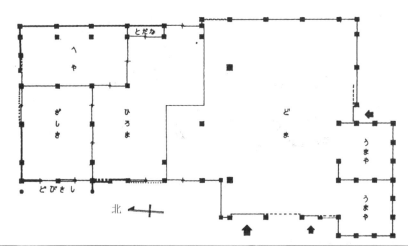

图19　太田家平面
图20　太田家内景（由广间望座敷）

型，但北村家的房间都很开放，可以直接通向室外。另外，北村家在建筑迁建把老屋解体时，发现在大梁上两根小立柱的榫子处，有墨写的小字，一根上写着"贞享四年乙卯二月吉日、大工当流理兵卫"，另一根上写着"锻冶谷村大工理兵卫，平泽村同断源兵卫……贞京四年卯年……"这是非常珍贵的历史记录。锻冶谷和平泽村都是距此不远的村子，而大工是当时专门从事建筑业的工人的称呼，如大工头、大栋梁等，在这里专指木工。由这几行字专家们判断出：北村家建造年代应为贞享四年，即1687年，施工的木工是邻村的理兵卫和源兵卫二人。平安时代末期寺院和神社建筑建造时都要在一块细长木板（栋札）上写明业主、施工的时间、大工的名字及一些吉祥的文字，而在民居中发现这一类文字记录是很少的，因此更显珍贵。同时学者也认为由自行建造转变为由专门的建筑技工来施工民居是从比较发达的地区首先开始的，所以北村家能表现出与其他民居不同的开放性和特色，恐怕也和当时是由专门技工来施工不无关系（图21、图22）。

最后一组是东北地区的民居工藤家。建筑位于东北地区的岩手县，建筑面积256.9平方米，其最大的特点是L形的平面和L形的屋顶，因此被称之为"曲屋"。由于这一地区旧属南部藩，所以很早就被人称为"南部的曲屋"。其突出的部分是养马用的马屋，由于此处盛产一种名马——南部驹，所以为了饲养的方便，各家都设了比其他地方要大得多的马屋。尤其在幕府末期到明治初年时（约19世纪初）这种结构最为流行。但曲屋最早的渊缘源流一直也不很清楚，包括工藤家在当时是村里比较富裕的农家，建筑解体时也没有发现前面所说的栋札或其他的文字，只是在家里发现了一个木制的米柜，在木盖的背面写着"宝历9年（1759年）大工甚六作"，学者们又把建筑形式、结构等细加分析比较，认为建筑也大概就是这个时期。所以工藤家虽然面积不大，但从年代上被认定为现存最早的曲屋，而这种形式最早出现的年代学者们认为应在18世纪初。与此平面和外观形式比较相近的还有分布在秋田和山形一带的曲屋，称之为"秋田的书门造"，其突出部是主要入口，然后沿着通路是厨房和马屋（图23、图24）。

在民家园里除去各地的代表性民居外，同时也穿插了一些其他功能的小建筑，如水车房、舞台、仓库、祠堂等，虽然年代并不久远，但也各具特色。如船越的舞台就是保留了江户时期典型的民间歌舞伎舞台。歌舞伎是日本的国剧，是集音乐、

图21　北村家外景
图22　北村家内景

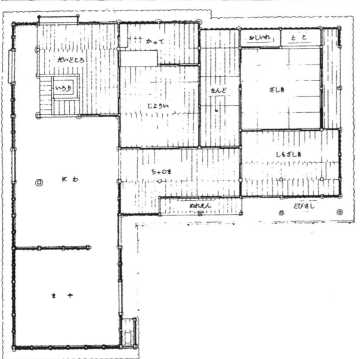

図23 工藤家外景
図24 工藤家平面

图25 船越的舞台外景

图26 水车小屋外景

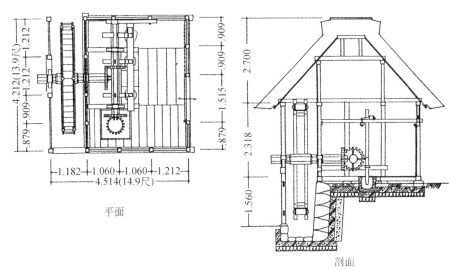

平面

剖面

图27 水车小屋平面、剖面

舞蹈和道白为一体的古典戏剧，其舞台的特点除中心要有转台外，还有在台口两侧伸入观众席的花道，这些规矩分别是在1758年和1735年时开始设立的，并沿用下来。民家园中利用一片坡地建成天然的观众席，每年可以在这里举办各种民间艺术的表演（图25）。加工米面的水车则是利用自然水流推动叶轮的加工工具，水车的直径达3.6米左右，小屋只有19平方米，原位于长野山村的一角，估计是江户时代末期的建筑，是1981年迁建复原的（图26、图27）。

　　民家园中只是集中了日本各地民居中的一部分，从资料看，由于地域、气候、风俗、材料上的不同，还有很多有特色的民居并未收入，如宫城地区的鹤见平顶、伊豆地区的分散型、长野县的两坡本栋造、静冈地区的橦木造、奈良地区的大和栋、佐贺地区凹型的锅形造等。另外，因为我并不从事民居的专门研究，手头也没有更为权威和全面的有关日本民居的著作，如《日本的民家》（全10册）、《日本的农民建筑》（全16册）等，只是通过短暂的采风偶尔涉猎，因此介绍比较肤浅。但仅就民家园已有民居的选定、测绘、解体以至复原迁建，都看得出日方对此十分谨慎细致，还专门聘请了文部省千叶大学、横滨国立大学、国立奈良文物研究所等单位的专家作为修建工程的指导。对民家园来说更为困难和复杂的课题就是如何复原，因为历时几百年的民居在长年的使用过程中面临着多次的修改和扩建，尤其对于日本民居这种结构形式，在房间分隔上加以改变是很容易的事，因此就更需要指导专家们研究判定，哪一时期的平面布置更具有地域和时代的代表性，更有特色，更有保存价值，所以在民家园的介绍资料中都附有该民居在移建以前的原状平面图，以及复原以后所采用的平面图。这些细致的、谨慎的做法对我们的研究、保护和复原工作也有一定的启发和参考价值。

2011年7月24日

在2008年北京主办奥运会之前，亚洲已经有两个国家举办过奥运会，那就是日本和韩国。现在回首1964年的东京和东京奥运会，早已是44年前的往事了，当年的奥运选手到今天恐怕也都是花甲和古稀之年了。

早在1936年7月，国际奥委会就曾决定第12届奥运会在日本东京召开，但因1937年7月日本发动侵华战争，国际奥委会在1938年7月取消这一决定并正式通知了日方。第二次世界大战以后，日本曾申办过1960年的第17届奥运会，但败于罗马。1959年日本再次申办第18届奥运会，在联邦德国召开的奥委会会议上，东京在56张选票中获34票战胜了布鲁塞尔、维也纳和底特律。这是奥运会有史以来第一次在亚洲举办，也是日本在二战结束之后19年，在迅速恢复的基础上，刻意以和平为主题，让世界重新认识日本、展示日本的一次绝好机会。

东京是日本的首都，是日本政治、经济、产业、文化的中心，面积2154平方千米，人口1264万，如包括大东京圈则为3400万。东京最早是一个面向东京湾的小村庄，因是大小河川入江门户而得名江户，8世纪前后天皇以平城京（奈良）和平安京（京都）为都城，在15世纪中室町幕府时代武藏国川越城主上本杉定奉京都足利幕府之令，命家臣太田道灌（1432~1486年）修筑江户城，并于1457年完成。到近世幕府时代丰臣秀吉统一天下后，在大阪筑城为根据地，并将德川家康分封到关东，以江户为基地。丰臣秀吉死后的1603年，德川家康战胜其他武士对手，被朝廷任命为征夷大将军，开创了江户幕府，形成中央集权的统一国家，以后的260年即被称为江户时代。从1606年起德川幕府动员全国力量扩建江户城，前后用时近50年方告完成这日本历史上最大的城市，据考证，城南北4000米，东西6000米。当

时为了防止地方诸侯的反抗，规定诸侯每隔一年要来江户参觐一次，并要把他们的妻室留在江户作为人质，因此诸侯都在江户修建宅邸，这就是上流社会集中的"山之手"地区（即今新宿、涩谷、丰岛、文京等区），而小商人、手工业者则集中在"下町"（现江东、台东、墨田区一带）。到18世纪时，江户已有武家人口50万，其他人口50万，合计100万人，而据称1801年伦敦的人口才85万人。人口的集中促进了文化的交流，同时江户也成为重要的物资集散地，其经济地位日显重要。德川幕府从1639年起实行锁国政策，承受了各种压力，但工农业仍有较大发展，也出现了资本主义萌芽，直到19世纪幕府瓦解，皇权复兴，明治天皇由京都移至江户。为了和当时京都称为"西京"相对应，天皇于1868年7月17日下诏将江户改名为东京。

明治天皇就位时仅15岁，但明治时期（1868~1912年）是日本历史上发展的重要阶段。明治维新提出"殖产兴业"、"富国强兵"、"文明开化"三大口号，要"破旧来之陋习"、"求知识于世界"、"实行前所未有之变革"，是一次自上而下地吸取欧洲文明，发展自己经济和文化的时代。在政治、经济、军事、教育、司法等方面全盘按照19世纪的西方模式推进现代化改革。同时引进近代的规划手法，从明治初年英国建筑师为银座设计了欧风的街道开始，城市和建筑开始形成今日东京的基本构架，如银座、上野、日本桥的商业区，丸之内的商务区，品川、芝浦、江东的工业区，基础设施如铁路，电讯线路的开通等。大正年间（1912～1926年）东京又继续有所发展，1921年人口达217万，但1923年9月1日的关东大地震给东京带来了毁灭性的打击，木造住宅引起的火灾使地震灾害进一步扩大，死亡和失踪7万人，受灾人口170万，灾后东京人口减至152万。此后的灾后重建又使东京的范围进一步扩大，包括地铁开通（1927年）、羽田机场建成（1931年）、东京港开港（1941年）等，1932年时东京人口已531万。日本发动侵华战争后，在战争体制下其政治和经济中心功能进一步加强，1942年人口达到692万，1943年东京府和东京市合并为东京都。但战争后期东京被轰炸102次，尤其是1945年3月至5月的大空袭，城市大部分被破坏，人口减至349万，直到战后在美军占领下才逐渐恢复。

东京主办奥运会时已是战后19年。日本政府无条件投降后有6年半时间日本为美军占领。麦克阿瑟将军实行了五大改革：妇女参政，保障工人权利，教育制度自由化，废除专制政治，促进经济民主化。尤其是经济民主化，包括农地改革、劳动改革和解散财阀禁止垄断等内容。在此基础上进行了战后的复兴，通过成立经济安定总部提出一系列紧急对策，以解决通货膨胀问题。美国也在1948年提出"稳定日本经济九原则"，并在1949年派总统特使——银行家道奇来推行他的道奇路线，在制止通货膨胀的过程中也曾发生企业的萧条和倒闭，失业不断增加。1950年6月朝鲜战争的爆发为日本经济的恢复和繁荣注射了一针强心剂，大批军需物资的订单，侵朝美军的物资供应和服务，甚至停战谈判以后韩国所需的大量物资，使日本收入和出口剧增。日本原计划在1952年恢复到战前的水准，结果工矿企业在1950年、国民生产总值在1951年便超过了战前水准，外汇储备也大幅度增长。1952年4月结束了美军的占领，在这一段时期内，煤炭、钢铁、电力和海运的投资有了很大增长，同时也兴起了第一次建筑业的高潮，建筑规模和施工技术都提高很快，一批办公楼、百货公司等高层建筑陆续在东京修建，个人消费也出现了第一次繁荣（1952～1953年），食品、衣着、电器用品等都有了很大改善。到了东京奥运会举办前的10年，则可称之为实现现代化起飞的历史转折点，其中经历了两次繁荣高潮，即"神武景气"（1956～1957年）和"岩户景气"（1959～1961年），虽然当中都出现一些马鞍形，但并没有影响民间投资的热潮，国民消费的增长也改变了人民的生活方式。

以建筑业为例，1955年建筑业在国民经济中所占的比例为11.4%，总投资额为1兆日元，就业人数为180万人，到1965年即分别增为18%、6兆日元和308万人。东京人口也以每年30万~40万增长，到1962年时东京人口已经超过了1000万。

筹办东京奥运会时是日本池田勇人为首相的内阁（1960~1964年），池田曾任吉田茂内阁的大藏相和岸信介内阁的通商产业相，他对内提出："国民收入倍增"政策，对外提出"进口贸易自由化"政策。结果从1959年起，连续三年经济增长超过10%，即11.2%（1959年）、12.5%（1960年）、13.5%（1961年），日本经济走向稳定的高速增长，经济的繁荣支持了东京奥运会的建设，也为奥运会10 195亿日元的工程费用提供了强有力的后盾。

东京奥运会于1964年10月10日至24日举行，93个国家和地区的5140名运动员参加了19大项163个小项的比赛。早在1959年9月日本就成立了组委会总会，1960年4月成立了资金委员会和奥林匹克资金财团，计划的比赛设施共30处，其中新建14处，改扩建6处，临时设施7处，现有设施3处；运动员村、记者村、新闻中心等共14处，其中新建3处，改扩建2处，临时设施6处，现有设施3处。竞技设施主要集中于神宫外苑、驹泽公园和代代木体育中心，其中主会场国立明治体育场、东京体育馆、秩父宫球场、室内游泳馆等都集中在神宫外苑65公顷用地上，均为原有设施改扩建（图2）。主会场建于1958年的第3届亚运会，这次利用奥运会进行了扩建，观众人数从5.2万增加到7.5万，奥运会后在主入口的花岗石墙面上镌刻了所有获得金牌选手的名单。另一个设施较集中的驹泽公园总用地40公顷，新建有能容纳2万观众的运动场（村田政真设计）、曲棍球场、4 000观众席的体育馆（芦原义信设计）、排球馆等设施，广场中间还有50米高的奥林匹克纪念塔，利用柱梁的组合构成方式，表现日本传统的五重塔的造型（芦原义信设计）。设施中最为引人注目的是由建筑师丹下健三（1913~2005年）设计的代代木国立室内综合体育馆。在9.1公顷的用地上，布置了新月形的第一体育馆，可容纳11 500名观众，奥运会时为游泳和近代五项比赛场地。第二体育馆为螺旋形，可容纳4 000名观众，奥运会时为篮球比赛。由于使用功能和结构形式的有机结合，外部和内部空间的新颖处理而获得国内外建筑界的极高评价，在奥运会后丹下健三获得了国际奥委会颁发的功劳奖，国际奥委会主席布伦戴奇先生在颁奖时说："这个作品激发了运

图2 位于神宫外苑的明治体育场

动员的力量。同时这个比赛馆常常铭记在有幸参加大会的人们的记忆之中，铭记在前来观战的追求美的人们的记忆之中。"后来丹下健三也透露了在建设过程中的一个小故事：最初文部省接受奥组委的要求，准备在代代木建三个馆，但主管财政的大藏省不同意，于是文部省削减了任务，希望游泳馆和体育馆总造价控制在28亿日元内，但大藏省仍然不同意，并提出20亿日元的投资控制。这对设计师来说真是"巧妇难为无米之炊"，情急之下，丹下健三想起和大藏大臣曾有一面之交，于是直接跑去找大臣，当时大藏大臣正是田中角荣，他听了丹下健三的说明以后，很干脆地说："这次奥运会是日本第一次举办的大型国际活动，不要那么小里小气，钱不够时由我来想办法好了。"丹下健三为此十分感激，最后代代木体育馆的决算是31亿日元（图3~图10）。

图3 明治体育场主入口
图4 驹泽公园体育场

图5 驹泽公园奥林匹克纪念塔及体育馆
图6 从驹泽公园奥林匹克体育场望纪念塔

图7 代代木国立综合体育馆鸟瞰
图8 代代木国立综合体育馆外景

图9　代代木国立综合体育馆内景
图10　举行柔道比赛的武道馆

东京奥运会在交通设施上，尤其是机场、主要比赛设施和运动员村之间进行了交通改造。1964年时东京小汽车数量已超过100万辆，并以每月1万辆的数目增长，所以城市新建的高速道路4条线共31.3千米，投资计712亿日元，与高速同时修建的平面道路8千米，共200亿日元，平面道路（包括环线和放射线）共22条线53千米，计721亿日元，合计修建道路92千米，共计1 633亿日元。此外完成了由羽田机场到浜松町的高架单轨电车线路共13.9千米。东京的地铁开通很早，1927年就开通了上野到浅草间的2.2千米，到1962年时已有8条线路，总长177.5千米，由于运量大、准时、四通八达，因而成为东京的主要交通工具。尽管上下班时间地铁上下拥挤无比，据统计，最拥挤的银座线上由赤坂见附到虎之门的乘车率达242%，但仍秩序井然，运行有序。东京的地铁站并不豪华，装修也较简单，但有些地方十分值得我们学习：其一是地铁与轻轨或城郊铁路的直接衔接运营，即从郊外或邻县不用换车即可直达市中心；其二是每一地铁站的出口四通八达，与周围的已有或待建建筑都有紧密方便的通道或出入口连接；其三是每条线路充分发挥汉字的优点，用汉字代替数字或符号命名，如浅草线、银座线、丸之内线等，使每条线路与其专用色彩结合后十分醒目，便于记忆；最后是在施工中充分考虑运营效益，许多线路是边施工边运营，有的甚至是完成一站即可通车一站，使线路最大地发挥效用。另外还要提到奥运会前运行的东海道新干线，由东京到新大阪，全长553千米，总投资3 800亿日元。这段铁路只占日本铁路总长的3%，却负担全国客运总量的24%和货运总量的23%。早在1957年，日本政府相关部门就对新干线进行论证，1958年开始建设，奥运会前完工。由于技术先进，时速达200千米/小时，4个小时之内就可以把沿线城市和工商业地带连接起来，大大促进了沿线地区人员和物资流通环境，促进了沿线新产业的形成，因此投入运营后效益很好，仅用8年时间就全部收回了投资。在此基础上也陆续推动了山阳、东北、上越、北陆等新干线运行，推动了地区的均衡开发，消除了地区间的经济差异（图11~图13）。

在筹备东京奥运会过程中，语言翻译是主办方遇到的新问题。因为此前的奥运会，使用英语或法语基本可以解决问题，而这次日语是种完全不同的特殊语种，所以组委会一直将语言问题作为重要问题进行研究，初步规定了几条原则：运动员按每10人配备一名翻译；以英语为主体，另外加上法、德、西班牙、俄罗斯共5种

图11 东京的高架道路
图12 东京的地铁

图13 东海道新干线

语言；尽量保证是活跃的年轻人；为充分了解有关奥林匹克的知识，要尽早进行培训。为此，1963年4月在将近20个大学中每个学校选出15~20人，在熟练英语或法语的基础上，基本上一个大学对应于一种运动项目，了解有关体育知识和专用术语。此后为了补充其他3个语种的翻译（共140人），加上运动员村、报道、运输、接送等需750名翻译，共需900人左右。从1964年4月开始报名，在10天之内就有7500人报名，最后入选的1200名当中70%是大学生，由于分布在全国各地，集训很困难，就依靠短期的讲习会来予以调整。然而实际工作中又特别需要掌握两种以上语言的翻译。这在日本人中不易找到，于是采取招募外国人的办法，1963年底时有300人申请，组委会经选考，最后对会三国语言的招募了13名，会两国语言的招募了14人，但实际运行中又发现外国人对掌握日语也有困难。总之，为翻译的培训和使用动了很多脑筋，花费了1.5亿日元。

　　东京奥运会在连日阴雨后突然放晴的10月10日由裕仁天皇宣布开幕（自此以后日本决定每年10月10日为全国"体育节"，是法定假日）。因为1964年还是现代奥林匹克复兴70周年，所以还播放了现代奥林匹克之父顾拜旦1936年时的讲话录音："奥运会重要的不是胜利，而是参加；生活的本质不是索取，而是奋斗。"主办方为了表现对和平的追求，开幕式上挑选了20岁的早稻田大学学生坂井义则最后点燃火炬，因为他是在1945年8月6日，即原子弹在广岛爆炸那天在广岛附近出生的，开幕式上还特意放飞了8 000只白鸽。此外还有不少值得人们记忆的地方：这届奥运会新增了男女排球和柔道项目。明末清初（1638年），中国浙江人陈元斌在日本创建柔术，在1882年由嘉纳治五郎综合加以研讨，对其优劣进行分析后发展为柔道，逐渐在国内外普及。1952年成立了国际柔道联合会，在国际奥委会上以39票对2票使柔道成为奥运会正式比赛项目。而女子排球则由教练大松博文执教的"东洋魔女"夺冠。本届奥运会第一次设立了公平竞赛奖，表彰两名瑞典运动员为了营救另外两名沉船的对手放弃夺冠机会而表现出的高尚体育精神。本届奥运会还第一次采用了玻璃纤维的撑杆，使男子撑杆跳高的纪录由罗马奥运会时的4.70米一下跃升到东京奥运会的5.10米。主体育场的煤渣跑道也是奥林匹克田径史上最后一次使用。在这届奥运会上日本夺得了金牌总数第三（16枚），第一、二名分别为美国（36枚）和苏联（30枚），但如按所获奖牌总数计，日本则居德国后位于第4位，德国50枚远远超过日本的29枚，原苏联的奖牌总数96枚也超过美国的90枚。在东京奥运会上最引人注目的可能是美国游泳运动员斯科兰德，他一人夺得4枚金牌；而原苏联乌克兰女体操运动员拉迪尼娜三次参加奥运会，年近30岁的她先后获得18枚奖牌，其中金牌9枚，银牌5枚，铜牌4枚。而悲剧式的人物可能是日本首相池田勇人，他自1960年起三度竞选自民党总裁成功，经济政策也十分有效，收入倍增的十年计划只用六年即告完成，日本加入了经济合作与发展组织，日本和中国的民间贸易协定也是在他任内达成的。但因患喉癌，他勉强出席了奥运会的开幕式，在奥运会闭幕后的第二天就正式宣布因病辞职，并指定他的中学同学佐藤荣作为他的接班人，在日本政坛引起了轰动。虽然辞职的决定早已做出，但池田的幕僚们在奥运会闭幕式上看到屏幕上的"再见"二字仍感到一言成谶，池田于次年8月13日去世。

奥运会结束后出现了短暂的经济衰退，表现为股票市场的停滞不振、信用危机、企业倒闭、奥运会设施竣工导致建筑热的结束、个人消费尤其是家电需求下降等，加上佐藤政府对经济错误的判断，造成了萧条和混乱，经济跌入了谷底，进入了停滞期。但政府很快调整了经济政策，利用发行国债和增加出口，实行大幅度的减税和增加公共投资的决策，结果出现了从1966年到1970年经济年平均增长11.8%，并在1968年，日本成为国民经济总产值仅次于美国的第二大国。高经济增长在造就了普遍的社会繁荣的同时，也带来地基下沉、河流污染、噪声污染、光化学污染、交通阻滞等公害和环境问题。随着田中角荣"日本列岛改造论"的提出（1972年），尤其是1973年第一次石油危机后又出现了通货膨胀、物资匮乏和粮食危机以及第二次石油危机（1984年，原油价格由每桶2.7美元升至34美元），甚至出现泡沫经济（1990年）及长期低迷，这都是东京奥运会之后的后话了。

奥运会前的经济繁荣在东京表现为奥运设施建设热以及其他建设项目的投资热，使东京的建筑面貌有了很大变化。明治大正年间，外国建筑师和第一批日本建筑师设计建造了大量洋风建筑，之后是和洋折中以及战后现代主义的引进，人们经常用上野公园的三栋建筑来表现不同时期的建筑潮流和风格，即模仿西洋新巴洛克式建筑的表庆馆（1908年，片山东熊设计，为纪念大正东宫成婚而建）、折衷主义的帝室博物馆（1931年，渡边仁设计）和现代主义的东京文化会馆（1961年，前川国男设计）。进入奥运会之前的高速成长时期，东京的建筑作品也表现出百花齐放、多种多样的局面，如旧东京都厅（1957年）、日本生命日比谷大厦（1963年）、国立剧场（1966年）等，当然还有前面提到的东京文化会馆和代代木体育馆（图14~图18）。

对东京来说另一个具有划时代意义的事件是1964年建筑基准法的修订。因为日本是个多地震的国家，加上关东大地震的冲击，所以建筑学会在1924年制定《市街地建筑物法》时，把建筑高度的限制定为31米（100英尺）。但随着经济的发展，突破31米高度限制的呼声越来越高，同时建筑的抗震设计研究也有了突破性进展，于是基准法把高度控制修改为容积率控制，此后进入了超高层建筑的时代。

1968年147米高的霞关大厦完工，成为东京乃至日本第一栋超高层建筑。新宿副都心的超高层建筑也陆续建成，成为东京都新的城市景观。新宿副都心位于新宿车站西面，总用地32公顷，1958年的东京整备委员会决定将此处开发为副都心以缓解东京中心区的压力，用地分为11个街区，在统一规划之下陆续进行建设，其中包括：京王广场旅馆（1971年，170米），新宿住友大厦（1974年，193米），国

图14 表庆馆
图15 帝室博物馆

图16　东京文化会馆
图17　日本生命日比谷大厦

图18 国立剧场

际通讯中心（1974年，165米），新宿三井大厦（1974年，210米），安田火灾大厦（1976年，193米），新宿野村大厦（1978年，210米），京王广场旅馆南馆（1978年，140米），新宿中心大厦（1979年，223米），新东京都厅舍（1991年，244米），新宿花园大厦（1991年，235米）等。每天有数百万人进出但运转顺畅，成为东京重要的城市标志物及展示其规划与建设成就的重要橱窗。当然，超高层建筑的建设也还是充满了不同观点的争论，位于丸之内地区的东京海上大厦的建设过程就充满了戏剧性（图19~图22）。

旧东京海上大厦建于1918年，是日本最早的高层建筑之一，随着高度限制的取消，1965年公司委托前川国男设计新的大厦，提出了地下5层、地上30层、高130米的方案。但在东京都审批时，由自民党控制的东京都有关部门在方案已满足容积率的规定之外，又以"城市景观"为理由，附加了另外的条件，审查进行很不顺利，主管方迟迟不予确认，引起了建筑家协会、建筑学会、建筑士联合会以及正准备在丸之内建设的4家公司的强烈反对。1967年1月，通过结构审查后，业主根据法律向

图19 限高31米的丸之内地区
图20 新宿副都心鸟瞰

图21 1974年竣工的东京海上大厦

图22　由皇居护城河望东京海上大厦（中）

建设大臣提出确认申请。当年4月16日东京都知事选举，社会党和共产党共同推举的候选人美浓部亮吉当选新知事，但就在此前4月14日东京都仍做出不予批准的结论，于是业主和相关建筑师团体不服，向新知事提请复议。在复审之前，虽然审查委员会还有数位委员辞职，但新知事仍决定开会审查，并于9月26日在8小时的长会之后决定取消原来的决定。但到10月份自民党内阁会议上，建设大臣又提出：城市景观是行政上的重要问题，希望慎重对待，并提出丸之内地区建超过百米的大厦，将破坏这一地区原有31米高的和谐；将增加使用人口，给交通带来过大压力；破坏皇居外的景观状况；还提出高层建筑可以直接望见皇宫，这是对天皇的不敬。东京海上的社长在会见首相时，佐藤荣作首相也提出："在这个地点是有问题。"此后对立双方争论越来越激烈，建筑士联合会会长是参议员，在参议院对建设大臣进行了质询。同时，美浓部知事也不退让，在12月26日利用一次觐见天皇的场合直接问天皇陛下："如果在皇宫前建超高层建筑，会不会打扰您？"结果天皇回答："不，没那回事。"天皇的大度让自民党内阁十分尴尬，但审批也一直僵持着，社会党的议员多次质问也无结果，一直拖到1970年夏天，建设省私下放话："要想得到批准，你们不修改设计是不可能的。"业主方经研究，在9月11日提出了削减高度为高99.7米、25层的方案，向东京都提出申请，14日向建设省报告，由于顾及了建设省的"面子"，所以9月24日得到批准，直到1974年3月25日，前后用了10年的时间，东京海上大厦才宣告竣工。评论认为这是一个对完全合法的建筑施加政治压力，而日本建筑界在舆论的支持下加以反抗的例子。当然人们也不会想到，这样一个案例还要把天皇和皇宫都牵扯了进去。

东京因日本天皇而得名，天皇的住所皇居位于东京的中心部。天皇制是日本民族十分独特的一种制度，从史前到当今，由一个"万世一系"的家庭统治。如果按世系表计当今的明仁天皇已经传至第125代。日本的部族国家在公元1世纪我国的《汉书》中即有记载，但"天皇"一词的出现则是在公元608年圣德太子实现了以天皇为中心的古代统一国家之后。也有认为"天皇"一词系来自中国的道教，意为"受天支配的皇帝"。最早记录历代天皇世系的文书是720年完成的《日本书记》，这是用汉文写成的依照中国编年史体裁的国家正史。日本的神道教就与日本的立国神话及对天皇祖先的崇拜有关，神道教是日本本土的宗教，崇拜多神，尤以崇拜代表太阳神的"天照大神"为中心，尊为日本民族的祖训，认为天皇就是"天照大神"的后裔并是其在人间的代表，皇统即神统，祭祀活动在神社或神宫中举行，伊势神宫就是供奉天照大神的神宫。在奈良时代、飞鸟时代和平安时代是天皇亲政或太子执政，镰仓时代政权逐渐向幕府过渡，由摄政或关白执政，到战国时代日本分裂成若干诸侯时，天皇仍作为古代君主的子孙享有尊贵的地位，得到诸侯的拥戴。到明治以后"国家神道"、"神皇一致"、"祭政一致"，大行其道，对天皇的敬畏和效忠造就了狂热的民族主义和军国主义。二战以后美国强烈反对"国家神道"，并通过战后宪法对天皇重新定位，规定天皇为"国家和人民团结的象征，其地位以主权所属的国民的意志为依据"，天皇的职责规定为纯象征性的，"不拥有与政府有关的权力"。1946年元旦，天皇也发布诏书自我宣布由神格降为凡人，所以有的学者认为日本的国家形态可以说是居于君主立宪制和共和制之间的一种独特形态，或具有象征性天皇的类似共和制的体制。而天皇地位的继承按世袭的原则，由皇室典范来认定继承的顺序和资格。

天皇制度在日本人民中仍保持着一定的影响力。尽管有些人对天皇十分冷漠，甚至抱有敌意或要求废黜天皇制，但对绝大多数日本国民来说，他们已经十分习惯并乐于接受，他们仍然尊称天皇为"天皇陛下"，天皇的生日仍是全国假日，每年新年的元月2日，天皇要在皇居的长和殿接受国民的祝贺，天皇出席公共活动时，仍可以看到男女老幼发自内心的欢呼。人们对皇室的一举一动仍然十分关心，1959年明仁皇太子与日清公司董事长的长女美智子结婚，为了观看皇太子结婚仪式的直播，出现了抢购电视机的热潮。日本皇室人丁不旺，尤其是男丁，裕仁天皇三个弟弟中有两个无子女，另一个弟弟有三子二女，但五个孙辈全是女儿，明仁天皇的弟弟也无子女，所以德仁皇太子与外交官小和田雅子的结婚、怀孕和生育，更是媒体和国民十分关注的事件，天皇的次子文仁亲王和夫人纪子有两个女儿，在2006年9月6日，纪子通过剖宫产生下了皇室40多年来第一个男婴，更是让一直为皇室继承人而紧张的皇室成员松了一口气，日本也迅速沉浸在一片喜庆的气氛之中。不久前清子公主下嫁公司职员，放弃自己的皇族身份，也成为一时佳话。当然这种天皇制度得以维持，也和天皇家族的低调亲民作风有关，裕仁天皇是一位海洋生物学家，发表有生物分类学的专著。明仁天皇也痴迷于对一种小鱼——虾虎鱼的分类研究，先后发表过38篇论文，并在伦敦做过专题演讲。虾虎鱼种有2 000多种，人们也曾把最新发现的一种生活在珊瑚礁里的扇尾虾虎鱼命名为"明仁鹦虾虎鱼"。英国《泰晤士报》评论明仁天皇："不时尚，但很有风度。在公众面前，他表现出真诚的礼节，但没有贵族的傲慢。他兴趣广泛，喜欢网球和大提琴，最痴迷的是一种外表朴素的小鱼——虾虎鱼。"

皇居是天皇和皇后的住处，位于市中心千代田区，占地约150公顷，这是原德川幕府将军居住的江户城，明治以后称为皇城。现在的城门、望楼、护城河等历史遗迹，已被指定为国家文物。皇居不对外开放，所以一般游客都只能在皇居前的广场——皇居外苑处，远望有名的二重桥。护城河上有两座桥，前面的是石桥，后面的是铁桥，铁桥才是人们所称的二重桥，但宫内厅的介绍材料说：把这两座桥统称二重桥可能更合适。国宴或天皇生日及新年参贺的国民都从石桥经过正门，再过铁桥进入。外苑广场上有骑马的楠公像。楠公名楠木正成（1294~1336年），是镰仓幕府末期的著名武将，在日本作为忠臣的典范，也曾被军国主义利用，宣扬忠君爱国思想。有一次我在东京参加学术会议，正好宫内厅一位主管基建的官员参加，于是我们利用这关系"走后门"到皇居参观了一下，但也只限于庭园，无法进入宫殿内部。从介绍材料看，皇宫在1960~1968年由建筑师吉村顺三设计，宫内厅营造部完成施工图，是地下1层、地上2层的钢筋混凝土结构，总建筑面积23 100平方米。建筑力图在使用新技术和新材料的同时充分吸纳传统的美，从而表现一种亲民态度。屋顶是有很大出檐的歇山坡屋顶，青绿色铜瓦，墙为白色，柱子和梁为茶褐色，柱外饰铜板。正殿共三间，中殿名为松之间，左殿为竹之间，右为梅之间，殿南是一个4 800平米的围合中庭，铺满白砂石。其中松之间370平方米，外交礼仪、授勋、会见等活动都在这里，从照片和电视上看，厅很高大，但内部装饰和陈设十分淡雅、朴素，中间是天皇的椅子，后面是一面紫地金线的大王松屏风。长和殿是面对皇居内东庭的长160米的宫殿，国宾停车进入的入口厅，天皇及皇后以及众亲王在新年接受群众祝贺也在这里，届时东庭的毛石广场上站满高举国旗的老幼民众。丰明殿在正殿和长和殿之间，面向中庭，面积915平方米，是举行国宴的地方，厅中有32个水晶大吊灯。宫殿里墙面的绘画都是著名画家东山魁夷、桥本明治、山口蓬春、中村

岳陵等人的作品。皇宫北面相邻的三层建筑就是负责天皇起居活动的宫内厅，建于1936年，在皇宫未建成前，它的三层曾作为临时宫殿而使用。皇宫西面的吹上御苑是天皇和皇后居住的御所，1993年建成，由建筑师内井昭藏设计，地上2层，地下1层，总建筑面积4 500平方米，也是铜瓦屋顶，和周围环境十分协调。吹上御苑根据裕仁天皇的爱好，保留了自然树木的原貌，同时设立了150个人工鸟巢来吸引野鸟。皇居东面的东御苑内有原江户城本丸、二丸和三丸的一部分，园内有72种古树逾25万棵，是对外开放的。皇太子夫妇、亲王等与天皇夫妇不住在一起，而是在皇居西面位于元赤坂的东宫御所。皇居，东御苑，吹上御苑和东宫御所绿化都极浓密，形成了市中心的大片绿地（图23~图31）。

图23　皇居前广场上的楠公像

图24　由皇居正门望入口石桥
图25　皇居二重城楼及护城河

图26　皇宫鸟瞰

图27　皇宫长和殿贵宾入口

图28 皇宫长和殿及广场雕塑
图29 长和殿内大厅内景
图30 丰明殿内景
图31 松之间内景

1964年的东京奥运会及当时的经济高速发展，给日本人民和世界人民留下了深刻印象和记忆。此后在2001年，大阪曾和北京竞争过申办2008年奥运会，并准备在两个填海人工岛上修建相关设施，但申办没有成功，那时就有人议论："同是亚洲的北京胜出后，今后20年里，日本申办几乎是不可能的，恐怕要等下一代了。"但仅仅6年之后，不甘心的东京在2007年7月又提出申办2016年奥运会，其他提出申请的还有阿塞拜疆的巴库、美国的芝加哥、卡塔尔的多哈、西班牙的马德里、捷克的布拉格和巴西的里约热内卢，最后，国际奥委会于2009年10月2日决定里约热内卢获胜。（2013年东京又正式提出申办2020年夏季奥运会。）

原载《魅力五环城》，天津大学出版社，2009年版

5 访奈良名所印象

在联合国教科文组织所认定的世界文化遗产名录中，日本的奈良占去了两项，即法隆寺的古建筑群（1993年）和奈良的古建筑群（1998年）。来日本旅游的人们除到访东京、大阪、北海道外，要参观历史古迹则奈良、京都是必选的地点。其中奈良我曾三次造访，中间相隔了多年。第一次是1981年8月，那时正在日本研修，随旅行团匆匆走马观花，曾留下了若干印象，但并不深刻。第二次去日是1996年4月，第三次则是在2006年11月参加国际学术会议，在奈良有整整三天时间，住的地方又在奈良公园内，这样就有机会下马看花，又因中国代表团只有我一人，可以自由行动，感受就较为深刻一点了。

奈良原意指由山围起来的平地。在地理上有两个概念，一个是奈良县，那是日本近畿地方五县二府中的一个县，总面积3 692公顷，下辖8郡9市20町18村，其北面为京都府，东面和东南面为三重县，西北是大阪府，西南是和歌山县。吉野川流过县境中心，将用地分为南北两部分，北面是奈良盆地和并不太高的山地高原，而南部则是地形起伏的吉野山地。另一个概念则是奈良市，位于奈良县的北端，是县厅的所在地，人们通常所说的奈良，常指奈良市及其周边。

奈良县原称大和国，最初日本多用"倭"字，8世纪以后开始称大和。奈良盆地开化很早，尤其是盆地中心流过的大和川，自古以来就是输入中国文化的主要途径，随着525年前后佛教的传入，伴随一批大寺院的建立，这里逐渐成为文化的中心。到圣德太子摄政的时期在这里建造了飞鸟七大寺，此后710年在奈良建造了平城京，直到794年才迁都到平安京（京都），这80多年的时期就被称为奈良时代。这一时期是律令政治体制确立，天皇和贵族的地位比较稳定，从而产生了成熟的贵族文化，也可称为日本古代社会的最盛时期。迁都以后奈良虽然还被称南都，但已脱离了政治的中心，只是因为这儿的寺院和神社与皇室和贵族关系十分密切，所以这些人还经常造访，故以社寺为中心仍持续了繁荣。1180年，战火把东大寺、兴福寺以及大半街道都烧毁，直到源赖朝由于商业和手工业的发达，这里才又复兴，社寺成为业者的行业组织。

16世纪以后奈良在诸侯武家的支配之下，江户时代奈良又遇到1619年、1642年、1704年的三次大火和1707年的大地震，此后才逐步恢复，随着大佛殿的重建，人们又纷纷到奈良来朝拜，此后奈良逐渐被视作观光城市。尤其明治以后，日本政府注重发展以古文化和自然美为主的观光资源，自明治20年（1887年）设奈良县至今，奈良市就一直是县下的政治和经济中心。1950年制订了奈良国际文化观光城市法，与观光相关的各项民俗活动也吸引了众多游客，如一月的若草山烧山，二月春日大社的万盏灯笼，三月春日大社的申祭，四月西大寺的大茶会，五月东大寺的圣武天皇祭，六月率川神社的三枝祭，八月高园山的大文字点火，十月的鹿苑锯角……细算下来，各处的活动一年中计有百余次之多，也可称得上琳琅满目的民俗活动了。

我2006年访日时，住在奈良公园中的奈良旅馆，旅馆边就是被城市道路一分为二的荒池，红叶古塔倒影，是十分迷人的景色。旅馆本身是建于1909年的和风建筑，已有近百年的历史，前面是二层的旧馆，后面是多层的新馆。旧馆的设计人是明治时期的建筑界元老辰野金吾（1854~1919年），他是工部大学造家学科第一届毕业生（1879年），后公费去英国留学，1883年回国，成为在建筑设计、建筑教育、建筑学会方面均起过重要作用的重量级人物。辰野回国后设计作品的绝大多数都是洋风，只有这个旅馆是为数极少的和风建筑。这可能也是日本建筑家伊东忠太1893年提出了日本传统的木构建筑的质和量一点也不劣于洋风建筑的观点，引起日本建筑师注意的结果。辰野作品无论外立面、门厅、内饰都有桃山御殿风格，同时把和风和洋风能巧妙地结合在一起（图1、图2）。

说到奈良公园不能不先提到1 300年前的平城京。平城京遗址在现奈良市的西面，但几次均无缘前去一访。710年元明天皇把京城由南面的藤原京迁到此处，过去日本天皇每一代都要迁都，在吸收了唐代文化以后，自藤原京起，逐渐把都城固

图1　由旅馆前苑池看五重塔倒影

图2　奈良旅馆外景

定下来，平城京按照唐长安城的模式，是东西约4.2千米，南北约4.7千米的方形城市，中央是85米宽的南北朱雀大街，其北端是大内和诸官衙。城市东面称左京，西面称右京，东西分9条大路，南北为左右四坊的棋盘格形式。为建设这一工程，曾动用大量劳力，严酷的劳役加上灾荒、疫病，弄得民不聊生。但天皇们仍喜爱大兴土木，在794年迁京都（平安京）以前，仍从740年起在好几个地方建都，包括784年迁长冈京。迁都平城京后由于一部分大寺院建造在东部，市区向东部发展，于是在左京之外又设了12坊的外京，而右京则向北方发展，寺院和贵族的邸宅也建了不少。此后经过一千多年岁月的洗刷，都城几乎都埋入地下。由于城市的开发，这些遗构都有被破坏的可能，1959年起日本政府制订了发掘调查的十年计划，把大内宫城约100多公顷的用地中，66公顷指定为特别遗址，更进一步把最核心部位约10公顷规定为国有土地。在陆续的考古发掘中，已发现了几万件文物和遗迹，包括建筑物的遗址、水井等，使当时宫殿的规模、布置形式、建造年代等基本清楚，同时出土了一批反映宫廷生活和宫廷财政的珍贵木简。近年来又陆续复原了朱雀门、东院庭园、宫内省等（图3）。

　　奈良公园是游客必去之处，一来5.25公顷的公园就位于市区的东面，同时奈良

图5 平城宫原建鸟瞰

主要的名所如东大寺、兴福寺、春日大社、博物馆等都在公园里，而若草山、春日奥山、御盖山等也都包含在内，是历史与自然融为一体的绝好代表。其中的若草山占地30公顷，海拔342米，是布满了绿茵的缓坡，"若草"在日文中就是嫩草之意，因山形酷似三个草帽似的圆丘，所以又名三笠山。每年1月15日的烧山活动就是从傍晚6时起，把全山的枯草烧掉，只用10分钟的工夫，全山大火映红夜空，极为壮观。其由来也有各种说法，其中一说就是早年东大寺和兴福寺为争夺各自用地而留下的这一民俗。

公园里最吸引人的还是可爱的鹿群，据称有千余只之多，因长年与人类为友，相安无犯，所以并不怕人，甚至主动上来吃游人手中的鹿饼，极为游人所喜爱。鹿和日本人的历史有密切关系，史前遗迹中就发现过鹿角和鹿骨的加工品。平城京的守护神传说就是骑着白鹿由鹿岛来到此地的，以后鹿作为春日大社祭神之用，被赋予了特别保护待遇，而春日大社又是当地豪族藤原氏的家族神社，神鹿思想又因其权势加以灌输，并且在传说和古文书中也有因杀鹿而获死刑的记录。如兴福寺保存江户中期的文件就记录在宽文14年（1674年）一男子杀鹿后为寺众所执，定罪后于寺南大门举行仪式，游寺后在刑场斩首。这样以春日大社为中心逐渐形成了鹿群，据记录1671年有500头左右，其间因传染病等原因也曾大量减少过，尤其是二战时期因饲料缺少、偷猎等，只剩下79头。战后虽然"神鹿"之说已无市场，但保

图4　奈良公园的鹿群

护鹿的传统仍保留下来。1947年后县、市和春日大社以及观光部门组成了"奈良爱鹿会"，从百姓和观光的角度加以保护，促成了鹿群数目的增长。每年7月到次年2月是鹿的产崽期，浅茶色毛和白色斑点的幼崽出生后即可直立，并紧随母鹿左右，这个时期母鹿为护崽攻击性很强。雄鹿有漂亮的鹿角，但因在发情期雄鹿经常要决斗，偶尔也有鹿用角顶伤游客的情形，所以每年十月还有给雄鹿切角的活动。切角时，先把雄鹿集中到鹿苑，然后在专门场地由身着春日大社花纹的藏青色服装十数人，在追赶鹿的过程中用绳子套住雄鹿的角，按倒在地，把鹿角齐根切下，然后放走，这一活动也是奈良秋季吸引游人的重要内容之一。

兴福寺是离旅馆最近的名所，是南都七大寺之一，且不收门票，所以前往十分自由方便。它是藤原氏的家庙。第一代藤原氏为藤原镰足（614~669年）曾协助天皇实行大化改新，确立以天皇为中心的中央集权国家，实为朝廷重臣，临终时天智天皇都曾亲往探视，并赐姓藤原氏。此后其妻秉其遗志，先后在几个地方建过山阶寺、厩坂寺以示纪念，在建平城京时于710年移至左京三条七坊（即现址），以后藤原家长女又是文武天皇的夫人，因此豪族加皇亲的地位使其更为显赫。兴福寺现占地3.96公顷（原为5公顷），初建时有175处殿宇，包括金堂、园堂、三重塔、五重塔等，但因战乱和火灾，原建建筑均已无存。尤其是878~1717年间的数次火灾，加上藤原氏势力的衰弱，以及明治初年的废佛毁释，此处几与废寺无二，以致五重塔曾以五元钱售予商人。直到明治15年（1882年），兴福寺重新成为再次独立的法相宗的本山，1888年，藤原氏的后人又组织了兴福会才得以将其逐步重兴。现存的建筑物中东金堂、北园堂、三重塔、五重塔是镰仓时代和室町时代的建筑（12~16世纪），属国家级文物。其中五重塔总高50.8米，是仅次于京都东寺五重塔的第二高塔，方3间瓦顶，是日本代表性的标志之一，优美的轮廓、巨大的出挑，据称很好地复原了早年的形象（图5）。三重塔位于兴福寺一个角落，有时不为游人注意，其总高18.4米，也是日本现存三重塔中屈指可数的优秀作品。寺南大门处原物已不存，但经考古研究，将有关台基和基础加以恢复，也给人深刻印象。兴福寺南是猿泽池，是兴福寺的放生池，取池中五重塔的倒影是非常经典的摄影角度。池东南的柳树名挂衣柳，传说宫中色衰失宠的彩女，把衣服挂在柳树上后，投池自尽，现每年9月仲秋还有彩女祭活动（图6~图9）。

图5　兴福寺的五重塔和东金堂
图6　兴福寺的三重塔

图7　兴福寺的南园堂
图8　兴福寺南大门遗迹

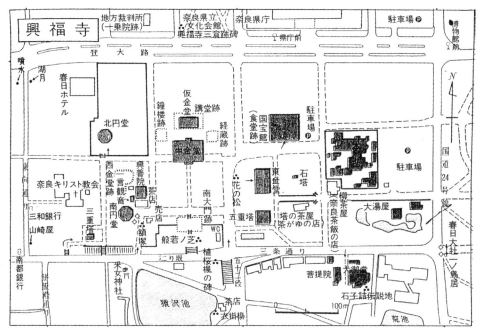

图9 兴福寺总平面

　　与藤原氏家庙紧密相关而必须提到的就是藤原氏家的神社——春日大社。神道教是日本固有的宗教，崇拜多神，而以代表太阳神的天照大神为中心，尊之为日本民族的祖神。对神的崇拜在神社或神宫中举行，一般由本殿、献祭的币殿和拜殿等基本部分组成，在入口处立有称之为鸟居的牌坊。春日大社原名春日神社，1946年以后才改称春日大社。相传710年由藤原镰足的儿子藤原不比等在春日山麓祭祀由常陆鹿岛乘白鹿而来的守护神，称其为春日之神而创始了神社。在768年时除这位守护神外，又迎来另外三位神祇同祭并营造了社殿，成为官家的神社。迁都到京都以后，由于藤原氏的权势还持续了神社的建设，到平安前期基本形成现在的规模，十分兴盛。在平安贵族中流行"春日之行"的活动，加上和兴福寺之间的密切渊源，形成了两者同盛同衰的关系。从兴福寺南门向东不远就可以看到大社的第一鸟居（图10），然后直接向东约1300米，经过道路两侧立满了石灯笼的参道，就到达大社的南门，是12米高的二层建筑，深色的柏皮屋顶和朱红色的木构十分醒目，进入南门以后是币殿、舞殿等建筑，都是供祭祀时舞乐、奉纳的地方，再后就望见中门和回廊，两层的中门除深色屋顶和朱红色木构外，回廊中排满了金属吊灯笼，回廊下是白色的墙壁，加上绿草和背景浓密的森林，色彩对比极为鲜明（图11、图12）。进入

图10　春日大社的第一鸟居
图11　春日大社南门及石灯笼

图12 春日大社中门及回廊中的吊灯笼

中门后就可以看到一排四座本殿，供奉四位神祇（图13、图14）。由于春日大社是受大陆影响奈良时期神社建筑的代表，具有早期、较原始形态的朴素形象，故在建筑形式上被称为"春日造"。神社建筑的一大特色就是在更新或迁建时都要尽力维持原有的形式，而不主张标新立异，加之从伊势神宫起有20年重建一次的"式年迁宫"制度，所以能够把古建筑的原有特色继承下来。而春日大社的式年迁宫制度据考是在室町时代的足利幕府之后逐渐确定的，据统计先后造替了近60次。春日大社最有名的活动是"万灯笼"，即每年二月立春前一日和八月的中元，大社回廊中近千盏吊灯笼和道路旁的1800座石灯笼灯火通明，使朱红色的建筑、浓绿的树木隐约可见，别有一番幽深景象。另外，因藤原氏关系大社内的藤萝花开放也是著名一景。

奈良公园内与我的住处步行可及的另一个地方就是奈良国立博物馆，它与东京、京都博物馆合称日本三大博物馆，奈良馆最早于1894年建成，京都馆建成于1895年，东京表庆馆是1908年建成，设计人均为宫廷建筑师片山东熊（1853~1917年），他和辰野金吾一样，也是工部大学校造家学科第一届毕业生，然后就进入工部省，开始其宫廷建筑家的生涯，也是明治时期最有影响力的建筑师之一，由他设计于1898年建成的东京赤坂离宫被认为是集西欧建筑样式大成的作品。奈良

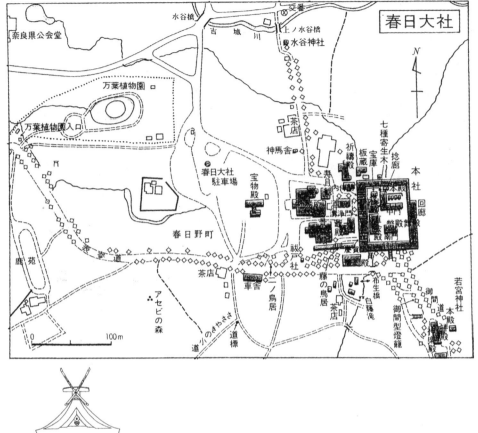

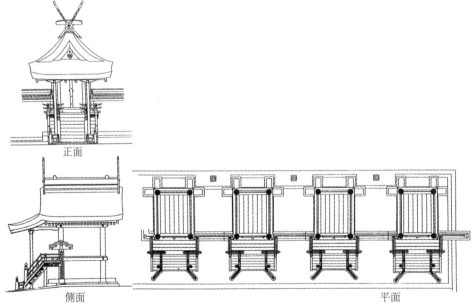

正面

側面

平面

図13　春日大社総平面

図14　春日大社本殿立面平面図

博物馆是二层建筑，典型的明治时期的洋风建筑，内部有13个陈列室，正面由4根科林斯柱式支撑圆弧形的山花，现在也是国家重点保护文物。1973年以后又由著名建筑师吉村顺三（1908—1997年）陆续设计了东、西新馆，为地下一层，地上二层。新老馆之间有地下通道连通（图15、图16）。其中老馆主要为保存和展出

图15　奈良国立博物馆老馆
图16　奈良国立博物馆新馆

佛教艺术，展出馆藏和代为收藏的展品，因为奈良地方其他的藏品库设备和面积有限，所以有名的社寺或收藏家，把一些贵重文物寄存在馆内，定时交替展出。而新馆则作为特别展馆之用。

这里最负盛名的展览就是每年10月下旬到11月中旬的正仓院展，自1946年第一次开展以来，至今已是第58次，所谓正仓本指是官厅的仓库，但现在所指的正仓在日本全国只有东大寺仅存的一处，因此正仓院现专指东大寺大佛殿西北的建筑物，它被认为是世界最古的木造仓库，现在也是日本重点文物（图17）。在品字形围墙的院落北面，东西向的校仓造建筑，就是一栋墙面用三角形断面的长条木材，尖点向外排列的四坡顶高床式结构，其平面为33米×9.4米，总高14.0米，下部高床为2.7米，内部分为北、中、南三仓。正仓中最早的收藏是在天平胜宝八年（756年）圣武上皇驾崩之后49天，皇太后把上皇平日喜爱的遗物共650件分数次献于东大寺大佛前，后即收入正仓内，此外还收藏了宫中和贵族们向大佛奉献的物品，历年遣唐使、留学生等带回的中国、新罗、印度等地的宝物，所有宝物都放在木制的容器——唐柜之中。从藏品内容看分武器、文具、乐器、佛具、法器、服饰、药物、食器、绘画、文书、典籍、游戏具等。其中北仓和中仓必须得到皇家允许才能开封，南仓也须得到东大寺管理方的允许。以后为了管理方便，自明治八年（1875年）起，正仓院归内务省管辖，1884年起归宫内省管辖，并下设正仓院事务所。在1000多年中，正仓院曾遭雷击，但未酿害，也未受到火灾和地震的损害，仅有漏

图17 正仓院的资料照片

雨现象，也曾有过失窃。为了更好地保存藏品，改善防火和温湿度调节等问题，于1953年和1962年又新建了两栋钢筋混凝土结构的东宝库和西宝库，并将原木构件宝库中的藏品都移至东西宝库，原正仓内只保留了原来的唐柜。以前自平安时代起人们常利用晚秋湿度小的时候晾晒一下文物，这被称为曝凉，自1883年起曝凉定为每年一次的定期制度，并允许有一定身份和资格的人参观，此后又演变为每年一次的正仓院展。

第58次正仓院展共展出了68件文物，其中首次展出的13件，一般来说，已展出过的文物在10年内不会再展出。日本人民很珍惜这个难得的机会，前往参观的人群熙熙攘攘，对参观时间十分有限的我来说，根本无法逐一细看，只好事后对照有关介绍谈点观感。

一件展品是《国家珍宝账》，就是756年皇太后献出600多件宝物时的一分卷轴清单，高25.9厘米，长14.74米，全部用汉字墨笔书写，其字体被认为或似欧阳询体或似智永《真草千字文》体，纸上规则地钤满了天皇御玺，其高度方向正好钤三方章。据统计共钤了489个章，更有意思的是，账目中列出了"晋右将军王羲之草书卷"共20卷，这20卷中只有一卷注明是《真草千字文》203行，其他都仅注明行数而没有名称。从正仓院历史记录看，这20卷书法曾于781年被借出，于820年被卖出，也可能是因为大部分书法被认为是后人摹本，就是《真草千字文》也被认为是王羲之七世孙智永的真迹或后人的摹本吧。另一件展品是"鸟毛篆书屏风"两扇，是"六曲屏风"的一部分，但篆书部分是用鸟的羽毛贴成的。第一扇的文字是"主无独治，臣有赞明"，第二扇的文字是"箴规苟纳，咎悔不生"，这实际上是天皇在施政时，把规范自己行动的许多格言书写后放在身边，以起到提醒的作用。另外，除武器、马具、佛具以外，还有十几件经卷和文书，经卷的文字都十分清晰端正，如华严经卷共两卷，即是根据唐圣历二年（699年）汉译的80卷本所抄写的。古文书中有一件于702年做成的丰前国仲津郡的户籍，被认为是现存最早的户籍登记，除户主外，全体成员的名字、年龄，按血缘远近顺序登记，最后还要记录人口总数、课税和非课税人数，国家分配的"班田"的总面积等。从中可以看出在奈良时代社会底层人物家庭的生活实况（图18、图19）。

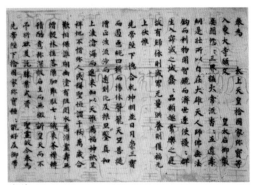

卷首

卷尾

第一扇部分

第二扇

图18 《国家珍宝账》局部　　　　　　　　　　图19 鸟毛篆书屏风

　　前面的介绍已经多次提到东大寺，奈良的观光名所中，东大寺可以说是最重要的景点了。从住宿的旅馆中，每天早晨太阳刚升起时，就可以在绿树丛上面远远望见东大寺大佛殿屋脊上两个金光闪闪的鸱吻。这是在天平时代，也就是佛教文化达到最高潮时的产物。741年时圣武天皇下诏书，要求各地都要建造国分寺并形成制度，这是学习唐朝武则天在地方政治上实行政教合一在各地建大云寺的作法一致，亦即国司（即地方官）分管政治，而国分寺支配精神方面，东大寺在当时即司总国分寺之职。

　　该寺原称金钟寺，在国分寺诏书之后改称金光明四大天王护国之寺。在建设平城京时，正逢各地疫病流行，民生困苦，圣武天皇发愿要倾全国之力建卢舍那大佛。卢舍那佛意为普照智慧和慈悲的光明佛，由747年开始铸造，中途经8次改铸，最后于749年完成并举行开光仪式。与此同时各主要建筑如金堂（大佛殿）、南大门、讲堂、钟楼、回廊、七重塔等也陆续建设，据考，七重塔曾高达100米，也有资料说前后7年的建设用去了国库的1/5。中国的鉴真和尚在历经磨难到达日本后，曾于754年在大佛殿前设了戒坛，包括圣武天皇及以下人等均在此受戒，这也是日本正规受戒活动的开始。加上东大寺原为佛教华严宗的本山，以后又加上佛教其他各宗，最后成为八宗兼学的学问寺，东大寺也由此成为日本佛教活动的中心。

但除火灾和地震损害外，战乱兵火也给东大寺带来致命的伤害，1180年一次战乱使寺内建筑几被烧尽，以后61岁的重源上人出任大劝进后，在朝廷、幕府的援助和民众的支持下，同时得到宋朝来日的铸造师陈和卿的帮助，于1185年举行开光仪式，前后为重建大寺花费了近20年的时间。但到1567年，又一次为战乱所毁，只保留下了南大门、钟楼和个别殿堂，由此荒废了100多年。后公庆上人经江户幕府的批准，又重建了大佛殿，重铸了佛头，但因经济原因殿的规模有所缩小，现在所看到的大佛殿建成于1709年，高度与原建筑相近，为48.74米，平面57米×50.5米，其面宽由原来的11间缩为7间，重檐四坡顶，正面檐口处的曲线部分称为唐破风，在破风处有一个长方形的窗口，当站在远远的中门处正好可以透过这个窗口看到殿内大佛的面部，更便于人们参拜。

大佛殿被称为世界最大的木造古建筑（图20~图23）。明治维新以后由于奉行神

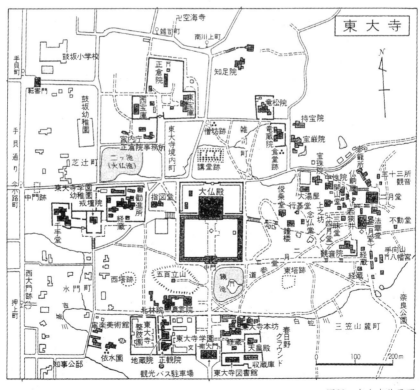

图20 东大寺总平面

图21　东大寺大佛殿

图22 图23
图24 图25

图22 东大寺大佛殿入口处及青铜八角灯笼
　　（为创建时旧物）
图23 东大寺大佛殿局部
图24 东大寺卢舍那佛
图25 东大寺金刚力士像

佛分离的政策和经济上的原因，东大寺又面临诸多困难，但维修工作又急不可缺，此后明治16年（1883年）组织了大佛会，同时也获得国库的一些补助，于是在1906年对大佛殿进行解体修理并于1912年完成，但由于结构和屋顶漏水问题，从1973年起又进行了大修理，并于1980年秋全部完成，为此还专门举行了法会。至于卢舍那大佛，在完成后也多次损毁，现在的大佛台座、两足和腹部是当初原铸，身体部分为镰仓时代所铸，头部为江户时代所制。佛像总重近500吨，总高14.98米，台座高3.05米，面部长5.33米，耳朵长2.54米，眼睛长1.02米，鼻高0.5米（图24~图27）。

图26　东大寺南大门
图27　东大寺中门

学术会议的东道主还安排我们参观了东大寺西南不远的奈良名园——依水园。这是奈良市内唯一的池泉回游式庭园。日本的庭园在不同时代有不同的特色,如飞鸟奈良时代的白砂和岛园,平安时代的寝殿造庭园,平安镰仓时代的净土庭园,室町时代的枯山水庭园,室町桃山时代的茶庭直到江户时代的回游式庭园。回游式庭园看去更像是过去各种庭园样式的集大成,其代表作是京都的桂离宫庭园。依水园面积2.65公顷,名称来自杜甫的诗句"名园依绿水",也有一说因是园中引入了《万叶集》中所提到的吉城川而得名。入口的右侧是前园,左侧是后园,两者风格不同,但都体现了回游式的特点。前园在1670年时是一个从事麻织业者的别墅,以三秀亭为中心,前面是池塘水面,围绕水面有叠石、园路、池中有设置龟、鹤的中岛,岸边重要处有石灯笼(图28),而后院有一些书院造形式的建筑和茶室。园路周围有修剪整齐的树木,更引人的是当在建筑内抹茶时,迎面把若草山、御盖山等景色全部用借景手法一览无余。和室的床间处挂一书法立轴,是草书的"天无私"三字,我当时顺便考了一下日本导游问是何字,她却一点也不认识。在另一间屋子里我还曾见到郑孝胥的书法。我们访问时正值深秋,所以园内色彩十分绚烂,尤其是火红的红叶更增加了视觉的享受(图29~图31)。

图28 依水园前院

图29 依水园后院和室的室内
图30 依水园后院和由室内远望山景

图31　依水园后院另一和室的室内

　　上面介绍的景点基本都是在奈良公园的范围之内，其实奈良周边还有许多可参观之处，因时间关系，走到的地方很有限，只介绍两处。

　　唐招提寺位于奈良市的西面，这是由唐朝僧人鉴真所建的寺院。鉴真（688—763年）是江苏扬州人，应日本来大唐留学僧人荣叡和普照的邀请，由742年起准备东渡日本，在7年中有5次出行均以失败告终，还遭遇双目失明的痛苦。最后终于在753年他与遣唐使藤原清河等一起到达日本九州，第二年到奈良，这时他已67岁。同年4月在东大寺大佛殿前设了戒坛，圣武上皇、孝谦天皇及众多僧人都在这里受了戒。鉴真大师出任大僧都一职。6年后，于右京五条故新田部亲王旧宅和施主捐赠水田的基础上，鉴真大师建立了私立的唐招提寺。朝廷帮助建了讲堂，藤原家赠建了食堂，逐渐形成了寺的规模。奈良许多寺院都毁于战火，但唐招提寺还大致保持了在创建时天平文化的形式。其中金堂是寺中最大的建筑，正面7间，侧面4间，单层四坡瓦顶，传说是鉴真死后由他的弟子如宝所建（图32～图34）。鉴真是日本律宗的始祖，在传播唐代文化上起了很大作用，包括校正经文、分辨药物的真伪等，故被授予"大和尚"的称号。寺院北部的御影堂内放置有鉴真的彩色干漆像，像高80厘米，这是763年春鉴真预感将不久于人世时由弟子忍基等所塑，再现

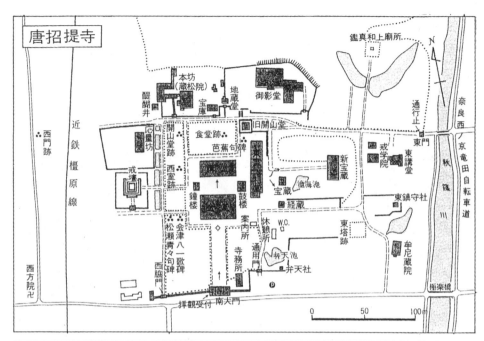

图32 唐招提寺总平面
图33 唐招提寺金堂

图34 唐招提寺鼓楼和讲堂

了鉴真的形象，是日本肖像雕刻中最古老也是最杰出的作品。1980年唐招提寺的森本长老曾奉鉴真像回中国省亲。而鉴真的遗骨则葬在寺东北的土坛内，土坛20米见方，高2.5米，上有2.5米高的石塔。为表现鉴真这一段历史曾拍过一部电影《天平之甍》，影片除描写鉴真的事迹外，也着重表现了天平年间日本在吸取唐代文化基础上达到一定高度的贵族文化。

最后要介绍的就是法隆寺了，这已经不在奈良市界内了，而是在奈良西南大和郡山市西南的斑鸠町，其东院和西院总占地19公顷。几十年前我在梁思成先生编的一本图册中就看到过法隆寺金堂的透视图，所以曾想有机会时就一定要设法前往。法隆寺原名斑鸠寺，相传是587年皇室为保佑用明天皇病体康复而发愿造寺，但工程未完天皇即驾崩，后由推古天皇和圣德太子继承遗愿于607年完成，《日本书记》一书中对此有记载，并载明681年4月遭火灾烧毁，于708~714年间重建，即现在法隆寺的西院。其主要建筑包括中门、金堂、五重塔、大讲堂和回廊（图35）。按照日本佛教对三宝佛、法、僧的布置方法，塔是佛，存放舍利遗骨；金堂是法，主要安置佛像；讲堂是僧，是僧众修行之处。这三者总体布置的不同变化反映了不同时代的特点，如早期三者布置在同一中轴线上，到法隆寺时金堂和塔左右

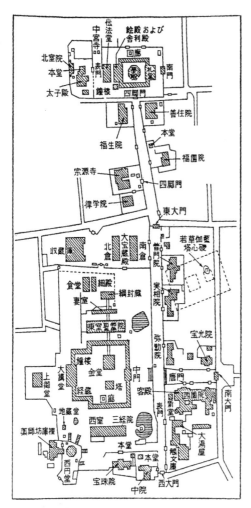

图35 法隆寺总平面

布置，讲堂置于回廊外（现布置于中轴线上）；到奈良时代中轴线上布置金堂和讲堂，而左右布置东西塔（在回廊内或回廊外）。因此，由布置方式即可大致推断出寺院所处时代（图36）。而且与兴福寺、东大寺屡遭战火不同，这里未遭过全毁的火灾，因此保存了许多古老的建筑实物。金堂之所以为建筑界所重视，因为其被认为是世界上最古老的木构建筑，虽然多次修缮，但仍保持了原样。其为重檐歇山顶，出檐深远，型制和细部均受中国南北朝建筑的影响，下层面宽5间，进深4间（18.4米×15.2米），从1945年起解体修理过程中，在1949年1月因失火把金堂的12面壁画损坏。也就是这次火灾，促使日本制定了"文物保护法"，并把失火的1月26日定为"文物保护日"。五重塔的柱间为3间×3间（10.9米×10.9米），总高32.5米，也是日本现存最古的塔。

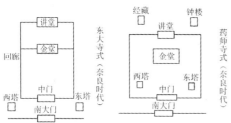

图36 早期佛寺总平面布置方式示意

对于金堂、五重塔还包括中门的建造年代在明治20年（1887年）时还引起了学者们的一场历时数十年大讨论，关野贞（1867—1935年），平子铎岭（1877—1911年），足立康主张为原建，而喜田贞吉（1871—1939年），黑川真赖，小杉温邨主张为火灾后重建，直到1939年的考古发掘和金堂、五重塔的解体修理过程中对用材的研究，最后重建说得到肯定，即认为《日本书记》中的记载是准确的（图38~图41）。

法隆寺东院原是圣德太子的斑鸠宫，643年因战乱被毁，天平11年（739年）由僧人行信在宫的旧址上建起。其中的主要建筑为梦殿，传说圣德太子在斑鸠宫中注解《法华经》，遇到疑难之处，随之在梦中见金人出现为其解释而得名。这是八角形的单层攒尖屋顶，八角的每一边长4.67米，是日本现存八角殿中最古老的一个。虽然在镰仓时代大修过，但古老的型制仍基本被保留下

图37　法隆寺金刚力士像

来，尤其是屋顶顶部的宝珠露盘，充分体现了天平时代的艺术特色（图42）。

图38　法隆寺南大门

图39 法隆寺西院内中门及回廊
图40 法隆寺西院五重塔和金堂

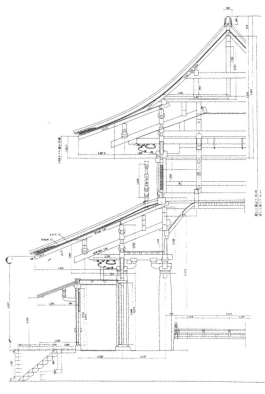

图41 法隆寺金堂剖面细部

图42 法隆寺东院梦殿

日本在1993年以"法隆寺地区佛教建筑物"名义申报世界文化遗产成功，其范围包括法隆寺建筑群和位于东面的法起寺等，是日本第一个登录世界文化遗产的项目。而5年之后的1998年：以"古都奈良的文物"的名义登录世界文化遗产，当时已是日本的第9个登录项目了，其内容包括东大寺、兴福寺、春日大社、春日山的原始森林、元兴寺、药师寺、唐招提寺、平城宫遗址等内容，是集历史、自然、文化三位一体的世界遗产。后在2004年，在奈良县、三重县和和歌山县三县境内的"纪伊山地的灵场和参拜道路"又申遗成功，其中包括了3个县的24个町村。这样奈良县境内就有了3项世界文化遗产。古都奈良作为人类共同的遗产，更为世界各国人民所重视。这些历史价值极高的佛教、神道的建筑群，在漫长的历史中通过与中国和东亚的交流从而奠定了日本文化的基础，这也是我的奈良印象的重要组成部分。

2011年8月8日

6 西行印度笔记选

缘 起

因外交部委托北京市建筑设计研究院设计我国驻印度大使馆的新楼（以后又增加了老楼及外管线的改造），第四设计所的同志们和我于2000年8至9月份去印度进行了考察。印度是个有着灿烂古代文明和悠久历史的南亚大国，与我国也有长期的交往。据称，两国最早的往来可以追溯到公元前3世纪，先秦时经克什米尔到于阗一道已成为中印交通的重要通道，此后高僧法显和玄奘西行的故事均为大家所熟知。在人们印象中，印度是个神秘的国家，此次考察绝大部分时间用于使馆新建设的收集资料和调研工作，工作之余我们也在使馆的安排下参观了德里和德里周围的一些地区。

中国驻印使馆位于新德里西南方的恰那加普里区，用地12公顷，是由城市道路所环绕的一个独立街区。绿化浓郁、环境优美，据说是中国驻外使馆中占地最大的。20世纪50年代周总理访印时，与尼赫鲁总理路过这里，周总理对此处景色表示十分赞赏，据说尼赫鲁总理当即决定把这块地作为中国大使馆的用地，并定下了一个卢比的月租金，此标准一直沿用至今。这次问及使馆同志，他们对此传闻做了补充更正，虽然租金只有一卢比，但在使用之初我国还是一次性交了200万卢比的费用。使馆东面是外国使馆区的主要林荫路桑蒂大道，上下行各两车道中间有分车带，从路边到使馆围墙还有20~30米宽的草地和绿化，以及一条专门进入使馆的辅路，使馆与英国、挪威使馆隔林荫道相望，南侧是美国大使馆。

考察工作得到了我国驻印使馆的大力支持。周刚大使在极为繁忙的公务中几次抽出时间来听取汇报，还指派使馆缪参赞专门负责我们的工作和生活。因为我们住在外面的宾馆，使馆特意提供一辆面包车负责接送，并在使馆里为我们准备了条件很好的办公室。使馆各部门针对新楼方案进行了细致的讨论，还给我们提供了许多重要的文件和资料。驻印使馆原由北京院四室设计，并先后在1957年和1962年两次完成了图纸。当时建设了大使官邸和公寓，后因中印关系变化，即将公寓作为使馆主要办公地点，此后也曾进行过武官处、商务处和文化处等扩建，都是由当地建筑师做的设计。这次使馆找出了许多当年留下的蓝图，虽然已残缺不全，但看到熟悉的图签，看到院里的老同志绘制的图纸和签字，让人想起当年他们的辛勤劳动。他们中有的已经成为故人，如张铸、沈文瑛、孙恩华、王英华、孙家驹、何业光、李安生等人；还有不少依然健在，如叶平子、肖正辉、刘志英、邹维良、马欣、冯颖、张树东等；还有些人可能调走较早，连我这样的"老人"也都不认识，如贺国庆、张兹扬、叶国英、孟秀明等。他们的劳动成果至今还在使用，结构耐用、外形大方，体现了他们几十年前的心血（图1、图2）。

127

图1　中国驻印使馆办公楼

图2 中国驻印使馆大使官邸

德 里

　　首都德里是位于印度中北部的直辖区，总面积1 482平方千米，人口1 410万（根据当地2000年统计资料，此前也有资料称人口937万，仅次于加尔各答和大孟买），距喜马拉雅山麓160公里。德里的地名据说源于波斯语"门口"之意，也有一种说法称系据公元前一世纪时国王Raia Dhilu的名字音变而来。这里曾经是许多帝国和王国的首都，其城址曾多次改变，一般认为至少有7次，从南端的基拉莱皮瑟拉城墙（Qila Rai Pithora）到现德里南面的红堡（Lai Qila）。现在的老德里即以红堡前的一条路为基础，形成了弯曲狭窄的老德里街巷，而新德里（面积438公顷），则是英国在1911年决定将印度首都由加尔各答迁到德里时，在老德里以南约5千米处选定了用地，由英国建筑师勒琴斯爵士和专门的城市规划委员会按纵横直交和60度斜交的规整划分，形成了主要的道路骨架。在道路交叉处多设圆形环岛，有良好的对景，其主要交通工具有小汽车、公共汽车、出租车、三轮出租车，还有游荡的牛群。虽然在一些主要干道上有时出现拥堵，但大多数机动车还比较注意礼让，所以在环岛处交织还比较自如。与老德里相比，新德里的绿化环境更好，林荫

图3　新德里中心区绿化

路的树径都在50厘米以上，加上中心区有大片的官员住所和高级住宅，层数都在两三层，因此远远望去是大片的绿化（图3）。

在新德里的规划中，有一条东西向的主轴线，这就是主权大道（Rajpath），其总长度约4千米、宽度约250米，东起国家体育场，西到总统府，形成了首都的中心区，被称为当地的香榭丽舍。在这里需要提及两位英国建筑师，一位是埃德温·勒斯琴爵士（Edwin Lutyens，1869~1944年），除了在英国的设计工作外，他从1912年起任新德里政府建筑物的顾问，除新德里的城市总体规划外还设计了当时的总督府（现总统府，图7）、工作人员住宅、斋浦尔宫（现在的现代美术馆）及印度门等建筑物，而与他一起工作的赫伯特·贝克爵士（Herbert Baker，1862~1946年），他除英国外还曾在南非、肯尼亚等地工作，他设计了总督府前两侧的秘书处和政府大厦（现总理府和几个部的办公楼），这些建筑都是英国维多利亚样式和印度样式的结合，起伏的轮廓，严谨的构图，加上红、黄色砂岩的对比，在绿化、水池、喷泉的映衬下显得十分丰富壮观。这些表现手法，当年用来表现英国政府的权威，现在用来表现中央政府的地位。东端的印度门是一栋纪念性建筑。位于12条道路相交的一个六角形广场中偏西的位置，广场的对角线长约500米，门总高42米，是为纪念第一次世界大战中战死的9万名印度士兵而建的，造型厚重结实，在墙壁上刻着13 500人的名字。广场的中心是英王纪念亭（图4～图8）。

由印度门到总统府之间的林荫大道约1 800米长，250米宽，正中是一条4车道的机动车道，两侧是4～5米宽的人行道，是没有任何铺砌的土路。周边大片的草地上栽种了6~8排粗大的行道树，点缀着6～7组的圆形和长方形的水面，显得十

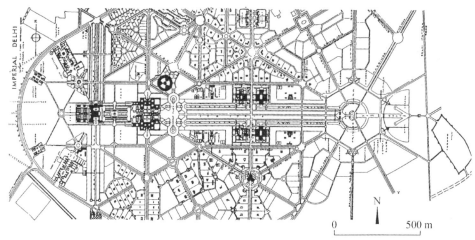

图4　新德里中心区总平面图
图5　主权大道全景，远处为总统府

图6 | 图7
图8

图6　印度门
图7　总统府
图8　政府秘书处

分得体。印度每年国庆时盛大的阅兵式就是在这条主权大道上举行。那天，我们在黄昏时经过这里，沿街挤满了人和车，有的在水中划船，有的在草地上嬉戏，十分热闹。印度属于热带气候，十分炎热，因此，浓密的林荫、绿地和大片的水池对于改善当地局部小气候是很有必要也很有作用的。除此之外，大道两侧还有国立博物馆、英迪拉·甘地国立艺术中心、全印美术学会等建筑，层数也都不高。然而，主权大道中心区之外的建筑就比较杂乱了，这也显示出印度社会的贫富差距。

美国驻印大使馆

中国大使馆的南侧就是美国驻印大使馆，对学建筑的人来说都是想去参观一下的，如果没有我国使馆的联系，我们是不可能去这儿的。这是由美国建筑师爱德华·丢瑞尔·斯东（Edward Durell Stone, 1902~1978年）于1954年设计的，这栋建筑获得了1961年美国建筑师学会的金奖。在这一时期还有许多美国著名建筑师设计的美国使馆，如埃罗·沙里宁（Eero Saarinen）设计的美国驻英国、挪威使馆（1955），格罗庇乌斯(Walter Gropius)设计的美国驻希腊使馆（1956年），这些都是建筑系教学时经常要提到的作品。

实际上，美国驻印大使馆是由道路分隔开的3个独立街区组成，总用地面积与中国使馆相近，最东面是办公区，中间是生活区，西面是一所国际学校。在生活区中有工作人员住宅、俱乐部和机房等，服务设施齐全，有餐厅、酒吧、书店、影院、电子游戏厅、保龄球等，还有室外游泳池和一个不太标准的棒球场，俨然是一个与外界隔绝的小世界。

大使馆办公区主要由使馆办公楼（图9）、大使官邸（图10）和签证处3幢主要建筑组成，呈品字形布置。使馆办公楼在北侧，官邸在东南角，签证处在西南角。使馆主楼为长方形，3层，上面两层立于一个大台基之上，四周是细巧精致的金色钢柱，通体混凝土花格，花格后面是玻璃窗，走进大门之后里面是一个长方形的水池。据说原是想用这个水池制造一些小气候，使院子里更凉爽一些，但后来因为经常有鸟飞进来，于是把整个内院的顶子封闭起来，院子里面没有空调，

图9　美国驻印使馆办公楼
图10　美国驻印使馆大使官邸

结果闷热不堪，只要站上几分钟就如同洗了一次桑拿，衣服都湿透了，这可能是建筑师始料未及的。在主楼前面有一个极大的圆形水池，看去与主楼的尺度不太相称。

大使官邸是一个独立的院落，也是薄檐口，细钢柱和大片的混凝土花格，有很好的花园和游泳池。但令人不解的是官邸门口却立了两尊相对而视的铜制胸像，分别是美国历史上第25任（1901—1909年在任）和第31任总统（1933—1945年在任），都叫罗斯福，放在这个地方倒好像是官邸的看门人。

对美国驻印度使馆的设计，人们通常认为主要受了印度传统建筑的启发，但在我看来，如果说有影响的话，也只体现在使馆的混凝土花格和印度风格的石雕透花窗上。从斯东的创作轨迹看，他在1939年和菲利浦·古德温一起设计了最早的国际式公共建筑——纽约现代艺术博物馆之后，斯东就逐渐转向典雅和富有装饰的风格，即后来所谓的新古典主义和典雅主义。如他在布鲁塞尔博览馆美国馆（1958年）等建筑中使用了花格子、在华盛顿特区肯尼迪中心（1964~1971年）重复了薄檐口和细钢柱，这些手法起初也都被认为是受到希腊神庙的启发。实际上，所有这些包括美国驻印使馆的设计，与其说是受异国传统影响，不如说是更多地表现了斯东个人的风格和爱好，他曾说过："我有我自己的手法，自己的表现方法，我感到满意，我定出了准则，我所有的作品中都坚持使用这种准则。"

还有一种说法，美国驻印使馆的设计旨在表现美国的文化和技术，就我看来，不排除斯东在建造之初可能有此想法，但随着时代的发展，使馆实际上变成了一个地地道道的防御性设施。从整体布局看，使馆主楼正面距围墙50米以上，侧面距离围墙也有50米，加上3米高的围墙及绿化，如果从围墙外向里看的话，只能看到上面的薄屋檐，根本无法展现其全貌。从设备布置和安全措施看，整个使馆，警卫森严、层层设防，所有朝向马路的大门内都设有防止外来车子冲击的自动车挡；就在我们参观时还有一个戴墨镜的年轻人寸步不离左右，并时时做出一些警告。看来，除去必要的对外活动，美国驻印使馆的视觉环境早已今非昔比，它更多的是要满足预防恐怖活动、防止冲击、保证安全等需求，这倒让我们有些唏嘘慨叹了。

泰姬陵和胡马雍陵

　　阿格拉位于德里东南204千米的阿格拉，与德里西南的斋浦尔正好形成德里地区文化古迹和旅游的金三角。阿格拉城的东面，雅穆纳河（Yamuna river）河岸的南面就是著名的泰姬陵，远远望去，除了河滩和绿化外，就是在蓝天映照下的白色大理石陵墓（图11～图13）。

　　号称世界七大建筑奇迹之一的泰姬陵（TAJ MAHAL）于1983年列入世界文化遗产名录。虽然距德里只有200千米的路程，但因路况不好，两车道宽的国道常常有一条车道为停放的卡车所占据，所以这段路程开车竟要花上四五个小时。

　　泰姬陵在2004年迎来了建成350周年的庆典，从2004年9月27日起印度北方邦开展庆祝活动，并将未来一年命名为"泰姬陵国际年"。这个号称"印度的明珠"、"世界的七大奇迹之一"的建筑经典每年有数百万游客造访，对于建筑师来说，更是必须争取一观的名作。

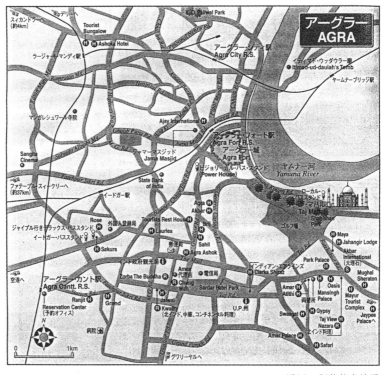

图11　阿格拉市地图

图12　泰姬陵全景

图13　由阿格拉堡远望雅穆纳河和泰姬陵

印度次大陆的建筑艺术由于其民族、宗教、文化和建筑技术的影响，表现出了丰富多彩的形式和较大的跳跃性。早期有木造、砖造的佛教和印度教庙宇，刻凿的石窟。孔雀王朝时除石窟外，还有巨大的窣堵波。7～11世纪以后，印度教的庙宇无论在平面形式、建筑造型、艺术装饰等方面都变得更庞大、更复杂、更精美。但随着伊斯兰教的传入以及德里苏丹国和莫卧儿王朝的建立，伊斯兰的建筑形式与本土的形式和技术相结合，形成了完全独立的建筑风格和构图手法。尽管也有学者认为与印度本土建筑的辉煌成就相比，莫卧儿王朝时的印度建筑已走向处于衰落，但包括泰姬陵在内的大量莫卧儿时期的建筑作品的存世，仍说明了这一时期的成就及其在印度建筑史乃至世界建筑史中的地位。

印度河流域文明是世界文明发祥地之一，据考证，在巴基斯坦梅赫尔格尔遗址发掘的新石器时代遗物是公元前6500～前4500年的遗存，这时的文明早于两河文明和埃及文明，公元前3000年这种文明从巴基斯坦扩展到印度。公元前1500～前1200年雅利安人从西北向东推进，最后到达比哈尔邦，建立了吠陀时代。公元前6世纪印度出现了四大种姓，这时的列国时代以众多的小城市国家为特征。公元前325年旃陀罗笈多建立孔雀王朝，印度古典文学极度繁荣，庙宇寺院和石窟艺术也表现了高度的技巧。4～6世纪印度建筑趋于鼎盛。8世纪时阿拉伯人入侵，并于1206年以德里为中心建立伊斯兰王朝——德里苏丹国，统治印度300多年。直到蒙古帖木耳的五世孙巴卑尔（Zahiruddin Muhammed Babur）（1483—1530年）在1504年统治喀布尔以后，乘印度内乱率1.2万人入侵，1526年破德里苏丹国后建立了莫卧儿（Mughal）帝国，据考莫卧儿其实就是蒙古（mongol）一词的 变音。泰姬陵就是莫卧儿王朝建筑艺术的最高成就。

巴卑尔征战一生，1530年去世时已统治整个印度北方。其子胡马雍（1508—1556年）即位，后因阿富汗人造反（1539年）失去对帝国控制，逃入喀布尔，但1555年又攻入德里恢复统治，后因事故而死。由1565年开始建造的胡马雍陵也是莫卧儿王朝建筑的重要作品。1556年阿克巴（1542—1605年）在位，1573年征服古吉拉特，征服孟加拉、1601年征服德干北部和南印度，巩固了国家，扩大了疆域。阿克巴时期建造活动也掀起了一个高潮，如阿格拉城堡，1571年迁都西格里后，在3 000米×15 000米的城墙内建造了西格里的胜利门、清真寺等建筑。此后阿克巴之子贾汗季即位，1628贾汗季之子沙·贾汗（1592—1666年）即位，由此引出了泰姬陵的故事。长期以来人们传诵沙·贾汗和他的爱妃阿柔曼·巴妞·比格姆的爱情故事，认为沙·贾汗是个多情种子，岂不知他还是一个喜爱大兴土木的建筑狂。

爱柔曼·巴妞·比格姆又称蒙泰姬·玛哈尔（Mumtaz Mahal），意为"宫中首选"，玛哈尔为宫殿之意，爱妃死后称泰姬·玛哈尔，这时已经没有宫殿的意思了。泰姬·玛哈尔具有波斯血统，与沙·贾汗结婚19年，经常协助沙·贾汗处理国事。1631年她38岁，在生第15个孩子时因产褥热去世（此前孩子中有7个成活）。她生前向沙·贾汗提出3个请求：好好抚养孩子，终生不再娶，建造美丽的陵墓。沙·贾汗于于1632—1654年（相当于中国明崇祯至清顺治年间）动用2万人工、4 000多万卢比建成了这座空前绝后的世界杰作，据说莫卧儿王朝也因此工程耗资巨大而走向衰落。沙·贾汗在位期间，还曾修建德里的宫殿要塞（1638年起，Lal Qila即红色的城之意）、城堡外的大清真寺（Jama Masjid 1656）等，这些也都是印度建筑史上的重要作品。

沙·贾汗原本还想在泰姬陵对面为自己再修一个黑色陵墓，以便死后与爱妃为伴，但后来卷入四个儿子的皇位纷争，因没有支持弑兄杀弟而登上皇位的三子奥朗则布而被囚禁在阿格拉堡里8年，直到1666年郁闷而死，修建自己陵墓计划成为泡影。沙·贾汗在位期间的建筑活动是莫卧儿王朝建筑文化的全盛期，但因大兴土木，国库空虚，也使帝国处于破产边缘。奥朗则布在位期间，继续扩大疆域，力挽残局，是莫卧儿王朝最后一位强力统治者。1707年奥朗则布死后，帝国日益衰落。自16世纪起，葡、英、法各国陆续侵入，1600年成立了东印度公司，并陆续在孟加拉（1625年）、马德拉斯（1639年）、加尔各答（1690年）等地建立货场和据点。同时波斯人、阿富汗人等多次侵入，各省总督纷纷独立，帝国濒于瓦解（1724年），皇帝也成为傀儡（1739年）。1773年英国议会通过统治印度殖民地的立法，并多次镇压起义，1857年英国废黜了莫卧儿王朝最后一位皇帝巴哈杜尔二世，并将其流放仰光，王朝自此终结。此后，印度即直接归英政府管辖直到1947年完全独立。

相传，泰姬陵的构思设计是受到了德里胡马雍陵（Homayun's Tomb）的造型和布局的启发(它在1993年也被列入世界文化遗产名录)。胡马雍（Humayun）是莫卧儿王朝的第二代皇帝，其陵寝位于新德里的东南。胡马雍乘阿富汗人内乱于1555年收复德里和阿格拉，但次年因从楼梯上摔下重伤致死，1565年胡马雍的遗孀下令为其夫建造陵墓，直到阿克巴执政的1572年完成，其设计人是米拉克·米萨·吉亚斯（Mirak Mirsa Ghiyas）。其总体布局是在10公顷的正方形花园中正设置了90米方形对称的陵寝，花园围墙的四面各有一高大的拱门（图14），整座寝宫建筑置于一个高大的方形拱廊基座上。寝宫平面如四瓣开放的花朵，中间的大拱顶与周围的

图14 胡马雍陵全景

凉亭、尖塔布置得错落有致，远远望去有十分强烈的稳定感和色彩对比。中央穹顶高38米全部用红砂岩砌筑，内嵌白色大理石的花纹图案，虽然没有采用波斯风格的立面镶嵌彩色马赛克或玻璃，仍体现了印度和波斯风格的交融。中央大厅放置白色大理石的墓棺，而真正的棺置于地下，这种墓葬形式是从中亚传过来的（图15～图17）。泰姬陵的主要建筑师是来自中亚土耳其的乌斯塔得·艾哈迈德·拉合里（Ustad ahmad lahori），普遍认为他正是受胡马雍陵的布局及建筑造型的启发，或在胡马雍陵建筑手法的基础上创造性地进行泰姬陵的构思的。

泰姬陵是一个占地约17公顷的长方形院子，外廓尺寸为583米×304米（不同

图15　胡马雍陵入口大门
图16　胡马雍陵局部

图17
图18
图19
图20

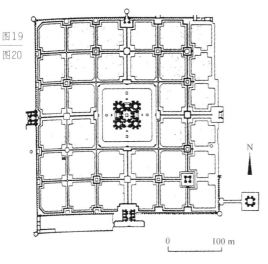

文献的记载略有差别，如576米
×293米；580米×305米；580米
×300米等）（图18～图20）。建
筑群由红砂岩围墙环绕，最北端
毗邻亚穆纳河，进第一道门后是
一个横向的长方形院子，四角的
柱廊和亭子也都是红砂岩，有马
厩和守卫室，可远望到院子两端
的入口拱门，而正面是高大的二
道门（图21～图24）。

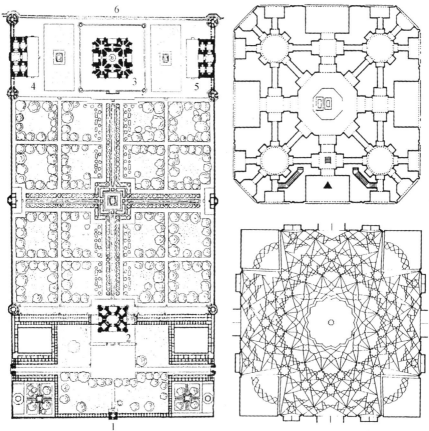

图17 胡马雍陵总平面图
图18 泰姬陵总平面图（1.前门，2.二道门，3.寝宫，4.清真寺，5.招待所，6.雅穆纳河）
图19 泰姬陵寝宫平面
图20 泰姬陵寝宫中央大厅天花图

人们来到泰姬陵时常常把注意力全部集中在最后的陵寝建筑上，其实周围的亭子、拱廊、入口门的比例都很讲究，尤其二道门的轮廓线、虚实相间和色彩对比，中间的尖券大龛，与顶部两端的亭子，中间11个白色的小穹顶形成了优美的比例组合，与阿克巴在西格里的胜利之门十分相似，只是稍小一些，这也是不可不仔细欣赏的作品。

进入二门以后，泰姬陵琼宫玉宇的主体就呈现在人们面前，与胡马雍陵不同的是，陵寝主体建筑没有置于用地中央，而放在用地的北端，前面是一个约300米见方的正方形庭院，

图21　泰姬陵正面入口大门

图22　泰姬陵陵外

图23　泰姬陵围墙和亭子
图24　泰姬陵入口处第一个院子

用十字形的水池和甬道把庭院分成4块，上面植以草皮和常绿树，十字的交点是喷泉和大水池。利用反射水池来表现泰姬陵的美丽端庄恐怕是摄影家们取景的经典角度，这种布局表现了一种纵深层次感，使陵寝主体更为突出，增强了进入二门之后的视觉冲击力和感染力。人们看到蓝色天空和白色建筑，再加上身着各色纱丽的印度妇女，更显示出诗一般的意境。陵寝的基座为边长95米的正方形，高7米（一说5.4米），同时用浅雕的拱廊加强其起伏和实体感（图25～图28）。

图25 ｜ 图26
　　　｜ 图27

图25　泰姬陵的二道大门
图26　泰姬陵的二道大门局部
图27　泰姬陵的二道大门两侧的拱廊

图28　十字形水池东端的入口

　　寝宫呈正方形，边长57米（一说56.7米），四面各有一个入口，入口处是一个巨大的尖券龛，高33米，上部穹顶曲线饱满，造型优美，其立面分割及凉亭、尖塔的布置与胡马雍陵十分相似。主体造型优美，曲线饱满，有良好的比例、对称和对位关系。穹顶高24.5米，内穹直径17.7米，周围还有四个亭子和细高塔，主次分明又有变化。寝宫总高74米，由基座以上为61米（一说67米或65米），在用材上没有采用此前常用的红砂岩而全部采用采自300公里以外的马克拉纳白色大理石，在上面镶嵌了黑色大理石的可兰经文和丰富的花纹图案，从而在用材上与莫卧儿王朝其他的许多城堡、寺庙、陵寝形成了明显的对比。陵寝周围四角还有4个42米高（另说40米或43米）的三层尖塔，和主体建筑形成了互相呼应的不可分割的关系，据说在设计时塔身均有意地向外倾斜，以防止地震时倒塌压坏建筑主体，这样也使建筑群的构图更为丰富完整。

　　此外在建设陵墓时，从中国、阿拉伯、斯里兰卡、印度各地运来了28种石料，一些玉石和宝石专门镶嵌在寝宫的各个墓室墙壁上，寝宫内有一扇门扉窗棂，上面透雕藤蔓花卉，以黄金为梗，翡翠为叶，宝石水晶和玛瑙镶花制作十分精细，据记载是中国巧匠雕制的。中间墓室的雕花大理石围栏中，是镶满宝石和浮雕的衣冠石棺，石棺下层才是真棺的寝宫。可惜内部游人拥挤不堪，而室内又没有其他的照明，几乎是暗不可辨，给人的感觉是一块宝石也没有发现。陵寝基座东、西侧还有红砂岩筑的清真寺和招待所，北面平台处即可俯瞰雅穆纳河（图29、图30）。

莫卧儿王朝早期的建筑较少用拱券，多用立柱和梁，但在泰姬陵的设计中，原胡马雍陵中一些具有波斯特征的元素更加突出了，如尖券龛、双穹窿等，加上规整的几何形庭园处理，形成了沙·贾汗时期莫卧儿建筑的典型模式。

泰姬陵的保护也面临着一系列的困难和矛盾。早在英国殖民者统治时期，泰姬陵就曾遭到过殖民者的破坏。此后由于环境污染和酸雨的影响，白色大理石也受到了污染和腐蚀。由于每年游客数量的不断增加，文物的磨损、开裂、破坏现象也日益突出。据说观赏泰姬陵的最佳时刻是在满月的月光下，但陵寝夜间并不开放，所以北方邦政府也上书最高法院，希望重新审理这一禁令。在泰姬陵国际年的活动中，最高法院也对北方邦政府提出警告：无有关部门的正式许可，不能在雅穆纳河岸举行任何形式的庆祝活动。最引起争论的是，北方邦政府曾计划斥资18亿美元，填埋雅穆纳河道，把阿格拉堡和泰姬陵连接起来，建设一条有超级市场、饭店和旅游设施的步行街。此提议一出立即舆论大哗，联合国教科文组织明确表态："若此两处景点的真实性和完整性受到影响或产生负面的视觉效果，泰姬陵将会被列入世界遗产濒危名录。"看来发展中国家，包括中国的人类文化遗产和自然遗产保护都面临着众多的问题。如何使人类文明的艺术丰碑和宝贵遗产完整无损地传承下去，更需要人们的智慧和远见。

泰姬陵是印度的国宝，全是石构建筑，保护措施十分严密：进入陵区之前要经过两道搜身和开包检查，香烟和打火机都不准携带。相比之下，我国的故宫等木构建筑的保护就更应该学习印方的经验。陵园内的环境也十分整齐干净，游人登上陵寝台基前必须脱鞋，中央陵寝内没有灯光照明，人们只能凭着从雕花大理石窗透入的微弱光线去艰难地辨认墙上镶嵌的翡翠、水晶和宝石。

由于陵寝夜间不开放，为了夜间观景，游客只能在附近的旅馆远眺。日出日落时也是观赏泰姬陵的好时刻，可惜我们不但没遇上这些最佳时刻，还赶上了一个阴雨天气，连蓝天白云都没有，这也是我们欣赏这组名作中的一个缺憾。

图29　泰姬陵北侧的雅穆纳河
图30　泰姬陵侧面

甘地陵园

与泰姬陵形成鲜明对照的是德里的甘地陵园，这是位于雅穆纳河西岸一块狭长的绿地，除甘地陵园外，用地中还布置了印度近代著名的政治家的纪念地，包括贾瓦哈拉尔·尼赫鲁（1889~1964年），巴哈杜尔·夏斯特里（1904~1968年），英迪拉·甘地（1917~1984年），拉吉夫·甘地（1944~1991年）等人，他们都曾出任过印度总理。整个区域布置十分讲究，绿化、水面、铺砌等做法颇具匠心，管理也十分严格。

莫罕达斯·卡拉姆昌德·甘地（Mohandas Karamchand Gandhi，1869~1948年），即圣雄甘地，被誉为印度的国父，是印度民族解放运动的伟大领袖。他19岁时赴伦敦大学律师学院学习，毕业后曾去南非执业，1915年回到印度，不久成为印度政坛上的重要人物。他改革了国大党，倡导非暴力主义，在他的调解下，解决了多次争端，并迎来了印度的独立，但独立后不久，1948年1月30日，甘地被一个年轻的印度教狂热分子枪杀。甘地的遗体随即在31日火化，骨灰撒入雅穆纳河，陵园所在地即是当年火化的地方，由建筑师布胡塔（Vanu. G. Bhuta）设计。

陵园同样是一个正方形的庭院，中心是纪念碑，由一块方形黑色大理石和4片白色大理石矮墙围合而成，黑石碑的后面是长明灯，碑上放置着桔红色花环。庭院四周是石砌的拱廊，四面各有一个入口，其顶部的斜坡状堆土和绿化，使拱廊与大地紧密结合在一起。整个陵园构思巧妙、手法简洁，极好地体现了寓伟大于平凡的甘地的一生。

在印度人民心中，甘地是他们的精神领袖，是伟大的灵魂（圣雄）。他是20世纪反对殖民主义、反对种族主义、反对暴力三大重要革命的促进者，因此获得了人们的崇敬，来到这里谒陵的人们络绎不绝（图31~图33）。

我们在印度访问的那几天，碰巧《印度时报》正针对大量游客在陵园绿地野餐的问题，用半个版面的专栏形式展开讨论，分两个主题：一是"您是否同意政府停止把好的地段作为政治家的陵园"，二是"陵园是否是纪念死者的最好方式"。这场讨论十分热烈，共刊登了28篇读者的来稿，这些文章观点各有不同，有的认为对上述两个问题应因人而异，有的则认为纪念死者可以采用更灵活、更恰当的方式，

图31　甘地陵园入口
图32　甘地纪念碑

图33　英迪拉·甘地纪念碑

如雕像、命名道路或建筑物等，显示了印度民众关心和参与公共生活的热情。

拉吉·里瓦尔和现代建筑

　　为了解德里地区有关建筑的审批程序，我们拜访了印度著名建筑师拉吉·里瓦尔（RAJ. REWAL），他曾为设计印度驻中国使馆访问过中国。里瓦尔先生1934年生于旁遮普邦的霍夏浦尔，1951~1954年在新德里的德里建筑学院学习，之后到英国伦敦，在AA学院学习过一年，又在英国和法国工作数年。1962年他回到印度开始了独立的设计活动，并曾在国内许多大学授课，举办作品展，1989年他获得印度建筑师协会的金奖。里瓦尔先生的事务所目前有16~17人，3台计算机，他们的图纸中平面图等都用计算机绘制，而一些大样详图则是手绘，模型多为自己制作，材料全为木质。

　　里瓦尔先生让我们参观了他的新作——世界银行办公楼（图34），这是在一块方形用地上布置的三层建筑，除建筑围合的中庭外，还在用地一侧布置了一个下沉式庭院。逐层挑出的楼层及其外露的独立圆柱都是他甚至是许多印度建筑师常用的

图34　世界银行办公楼外景

手法，红砂岩外墙的做法也十分精致。另外我们还参观了国家贸易合作大厦，这是里瓦尔先生1976~1989年的作品，通过6组钢筋混凝土筒体形成了建筑物与众不同的体形以及内部自由的空间，红黄二色砂岩的外墙和八角形的窗洞更加深了人们的视觉印象，看得出这是在结构主义思想影响下的作品。

　　里瓦尔也是住宅设计的高手。1980~1982年间，他设计了印度为举办1982年亚运会而建的运动员村，用地位于新德里南部西里城堡附近，共建了510套住宅，其中有200套独栋式住宅（包括一、二层及屋顶平台）及300套公寓式住宅（由两套复式住宅重叠而成），层数为2~4层，建筑密度为每公顷50套，标准也比一般的住宅略高。其设计意图是用步行街道把一组组由基本单元组合成的院落联系起来，并通过门洞、过街楼、小花园的处理使空间丰富而又变化。但我们这次去参观时建筑群落成已18年，浓密的绿荫遮盖了大部分建筑，另外，住宅在出售给个人以后，在街区内设置了许多门卫和路障，已经体现不出作者原来的意图了（图35、图36）。

　　在乘车的途中我们还看到里瓦尔更多的作品：工业展厅（1970~1974年），电视中心（1973~1987年），景观办公综合体（1980~1989年）等，显示了他多方面的设计功力。

图35　国家贸易合作大厦

图36　原亚运村外景

里瓦尔对传统与现代的关系也有着独特的理解。他曾在一篇题为《进化与变形》的论文中说，对于印度这样一个历史悠久、人口众多的发展中国家，设计师既要考虑到现代建筑的结构逻辑，活力和多面性，又要适应当地地理、气候条件和社会需求，并在以往通用的空间和采光手法上有所改进。里瓦尔以印度北方距巴基斯坦100千米的沙漠之中的小城贾萨梅尔（Jaisalmer）为例，12世纪时贾萨梅尔是印度东西贸易的要道，最盛时人口达11万，后来随着苏伊士运河的开通和印巴分治，贾萨梅尔日渐衰落，繁华不在。里瓦尔从这个小城中提取了城市结构（Urban Fabric）、集群（Clusters）、院落（Courtyards）、道路（Street）、大门（Gateways）、屋顶平台（Rooferraces）6个元素进行分析，并用新老两组照片加以对照说明，他认为对传统的继承与再创造，不能简单搬用形式材料、色彩及手法，而应该是一种再解释，是在传统基础上通过变形、改造而使其有所发展创新。难怪那天我们交谈时，当看我国的一些采用琉璃瓦大屋顶的传统形式的现代建筑时，他很不以为然。

印度建筑文化

　　与其他文明相比，人们认为印度文明多元性、包容性、丰富性的特点更为突出。公元前2000年印度河谷就诞生了哈拉巴文化，前1500~前1200年时西北方的雅利安人来到这里创造了吠陀文明并发展到婆罗门教文明，并在前6世纪创立了佛教和耆那教。公元1000年左右伊斯兰教传入印度，1206年建立于伊斯兰教军事封建国家——德里苏丹国，自1526年莫卧儿帝国取而代之直到18世纪被英国征服之前，在这块南亚次大陆上，印度教文明、佛教文明、伊斯兰文明在不断地更替、交换、融合，形成了独特的混合文化体系或称杂交文化体系。

　　进入近代以后，印度因一直被葡萄牙、荷兰、英国、法国等国殖民，直至19世纪中叶全境为英国统治，印度的建筑一直引进和模仿欧洲的各种建筑风格，到1947年印度完全独立时，已发展到用现代材料去表现现代风格和形式，仅在德里即可见到多种建筑手法和样式。另外，法国建筑师柯布西耶在20世纪50年代规划设计了旁遮普邦的昌迪加尔，美国建筑师路易斯·康六七十年代在古吉拉特邦阿赫迈达巴德设计了印度管理学院，这些都对印度建筑师产生了一定影响。当然也有一些仿古式、折衷式、混合式的建筑。其中一些与印度的宗教有关，如我们在参观时看到一座类似印度教庙宇风格的建筑，主体是用钢筋混凝土模造出印度中部桑契籍窣堵坡的大门和印度教的庙宇，实际是个国际组织的所在地（图37）。再如新德里的巴哈伊灵曦堂（莲花教堂，1980年，图38），由伊朗建筑师法力甫·沙巴（Fariburz Sahba）设计，虽然和印度的莲花有些关系，但看得出其造型明显受到悉尼歌剧院的启发。

对印度这样一个人口众多的发展中大国，其建筑量明显不如中国，建筑材料也多为钢筋混凝土和砖石，甚至还有泥土，玻璃幕墙用得很少，但在国际建筑界却评价甚高，如查尔斯·柯里亚先后获得过RIBA和UIA的金奖、阿卡·汗奖等，是1999年UIA北京大会的明星建筑师，年轻的比玛尔·巴德尔也获得过1992年的阿卡·汗奖，还有一批建筑师及其作品为国际社会所称道。由于没有深入地研究比较，所以无法得出准确的答案，但有一些背景条件我认为还是值得考虑的因素。

印度从英国那里继承了现代执业建筑师制度，建筑师作为自由职业者有很长的执业历史，其职业环境也较为成熟和规范，并有行业性的同业公会保护其自身权益。与官方的建筑师相比，执业建筑师在创作上欲望更为强烈，作品上更容易表现出鲜明的个人特色。此外，印度一批有代表性的建筑师都有在西方学习和工作的经历，如柯里亚在美国密执根大学和MIT学习过，里瓦尔有在英国AA学院的学习及在英法的工作经历；即使是年轻的建筑师，如里瓦西·卡玛斯（Revathi Kamath）曾在伦敦大学学习和工作，阿绍克·B·拉尔（Ashok·B·Lall）曾在英国AA学院学习，比玛尔·巴德尔（Bimal Patel）曾在美国加州大学伯克利分校学习，贾斯比尔·萨乌内（Jasbir·Sawhney）在MIT的学习……当然也有一批本土建筑师。印度建筑师们有过学习西方，借鉴西方的过程，他们面临的一个共同问题是：一方面维持与过去的持续性，一方面又要追求有所变化，即如何保持两者的均衡。以前面所提到的里瓦尔为例，从他的作品中可以明显地看到结构主义等国际潮流的影响。值得赞许的是，大多印度建筑师能够努力脱离西方的标准，利用传统的材料和技术，在考虑功能和效率的基础上，表现出植根于地域固有性的那种新现代主义的形态语言，并按个人的特点做出各色各样的解释。有一次我们在泰姬陵附近的阿格拉喜来登饭店吃饭时，看到这个饭店无论在空间处理、材料和色彩运用上都很有特色，餐厅里只是涂了红色的清水墙面，虽简单但气氛很好，出来后在门厅才发现这栋建筑曾获得过

图37　某国际组织
图38　莲花教堂

图39 阿格拉喜来登饭店门厅

阿卡·汗奖，却没有提到设计者的名字（图39）。

虽然我们也从侧面得知在德里规划设计审批过程中有不少黑箱操作的地方，但印度实行决策管理分立的体制，从法制和规程来看，还是比较完备的。如我们收集资料所需的有关法律和规定，在书店都可以购到，并且在内容上也十分详实，如某一街区、某一地段的容积率、绿化率、限高均有明文规定，这对规划和设计的控制是十分必要的。

印度的发展还得益于语言的优势，在全国有1652种语言中，通用语言也有14种，但英语在官方和知识界十分普及，十分有利于和外部交流。尽管印度英语听起来好像很吃力，但印度人之间、印度人与西方人之间交流起来一点没有障碍。还有，印度的基础研究的投入与发达国家相当，教育体系也比较发达，这大概也是印度软件行业能够远超中国，并取得了很大成绩的一个重要原因吧！[1]

原载《世界建筑》，2001年第1期；《印象——建筑师眼中的世界遗产》，机械工业出版社，2005年版。收入本书时有较大修改

---

[1] 文中所涉及的古代年代及一些建筑数据，在各种资料中有相当出入，本文只是采取了其中的一种说法，并未细加以考证。

7 袖珍摩纳哥印象

由法国东南部的尼斯机场驱车约半小时就可来到著名的旅游胜地、袖珍国家——摩纳哥。在人们的印象里，摩纳哥一直是以世界赌城而闻名于世，在申办2000年夏季奥运会的激烈竞争中，摩纳哥更加引人注目。因为包括北京在内的6个申办奥运会的城市中究竟哪一个城市将幸运地获得主办权，最后的选择就在1993年9月23日国际奥委会于摩纳哥举行的第101次会议上决定。

　　摩纳哥全称摩纳哥公国，就欧洲来说，除了梵蒂冈以外，她可说是最小的国家了。这个独立的小国与法国和意大利毗邻。位于南阿尔卑斯山麓地中海之滨，全国总面积为195公顷，其中39公顷（占20%）为公园和绿地，24公顷（占12%）为公共用地。整个国土呈狭长形，东西长约3公里，南北最窄的地方不过200米左右，乘汽车十几分钟即可横贯全国，就是步行也花不了几个小时，所以称它为袖珍国家，真是一点也不过分。这里有良好的自然条件，狭窄的国土高差很大，海岸线长达4千米，港阔水深，气候适宜，属于地中海型的亚热带气候。冬季1、2月份的平均最低气温为8.2℃，夏季7、8月份的平均最高气温为25.5℃，全年平均温度为16.31℃，全年的平均日照时间为2 583小时。摩纳哥得天独厚的优越条件，使其不仅是冬季理想的休闲胜地，也吸引了大批夏季游客。

　　摩纳哥全国人口约3万人，其中当地土著约5 070人，大多数是法国人，但社会地位较高的是人数较少的意大利人。大多数居民信奉天主教。官方正式语言是法语，但许多人会英语和意大利语，货币通用法郎[①]。由于旅游业发达，在这里几乎

[①]　摩纳哥还不是欧盟成员，但现在使用和法国一样的货币——欧元。

可以看到各大洲不同国家的客人。

从历史上看，最初是由腓尼基人在这里建造城市而开国，1162年起由热那亚共和国统治，1215年开始修建城堡，1927年后为热那亚的格里马迪（Grimaldi）家族统治。此后，屡遭西班牙和法国的侵略和吞并，1793年为法国统治，到1814年又因《巴黎条约》被解放，但1815年又因《维也纳条约》成为萨迪尼安（Sardinian）的保护领地，1861年才获得独立。1911年摩纳哥颁布宪法，成为独立的君主立宪国家，1918年和法国签订了确立两国政治关系的条约，第二年同法国又签订了条约规定：一旦国家元首逝世而又没有后裔，摩纳哥就要并入法国。1959年摩纳哥大公颁布法令，规定大公如在王子未满21周岁前逝世，则由王后摄政。现摩纳哥大公为兰尼埃三世（1923年至今）他在1949年就位，1956年与著名影星格蕾丝·凯丽结婚，婚后育有3个子女，即卡洛琳公主，阿尔伯特王子，斯蒂芬妮公主。1982年，格蕾丝因车祸去世，关于她的经历以及与摩纳哥大公不睦的关系，成为当时各国新闻的热门话题。现东部沿海滨一条宽阔的大街即以她的名字命名。摩纳哥军队只有70人，是大公的卫队，另外有近两百人的警察负责维持全国的公共秩序。[①]

摩纳哥全国由首都摩纳哥市、蒙特卡罗、孔达明、芳迪维耶里等部分组成。其中摩纳哥市位于中部偏西海滨呈半岛状的石崖上，创建于13世纪，16世纪时建造中世纪风格的宫殿，摩纳哥大公府邸就在这里，每天中午12时卫兵换岗是观光的重要内容。在半岛上有保持着古老风格的狭窄的市场街，位于海滨悬崖边1910年开馆的水族馆，以及各种风格的教堂，住宅等。中部的孔达明区除美丽的摩纳哥港外，沿海岸线是著名的阿尔贝一世大街，背后沿陡峭的山崖，是鳞次栉比的高楼大厦和蜿蜒曲折的盘山公路。西部的芳迪维耶里除港口和直升机场外，还有成片的高级住宅区和路易二世体育场。但摩纳哥最为人们熟知的却是可和美国赌城拉斯维加斯媲美的蒙特卡罗了（图1~图3）。

摩纳哥为了寻求一条繁荣经济的道路，曾经进行过许多探索。目前摩纳哥的年收入中，商业成交税约占45.9%，专利经营（如邮政电话服务及烟草等）占17.7%，专利特许（如赌博、广播）占6.4%，合法交易税占9.7%。在所有的成交额

---

① 现阿尔伯特二世亲王于2005年即位。

图1　摩纳哥蒙特卡罗城鸟瞰，画面最前方是劳乌斯饭店

图2　由摩纳哥市石崖上远望城区

图3　摩纳哥大公府邸

中，贸易和商业部分约占68%，其中包括银行、财产管理、原材料、食品、旅游交易、纺织和娱乐等；工业部分约占30%，其中包括建筑、化工、运输、电子、印刷、制造、宝石、鞋和服装等；旅游业为其主要支柱。他们利用地理环境上的优势、加上良好的旅游设施，从1879年起开办了大赌场，对游客具有一种非同一般的吸引力。意外暴富的发财机会和投机的心理使富商巨贾、碰运气的赌徒们从四面八方云集于此。最著名的赌场有蒙特卡罗赌场、巴黎咖啡馆赌场、太阳赌场，蒙特卡罗体育俱乐部赌场和劳乌斯赌场。赌博分为欧式赌法和美式赌法。包括最常见的角子机、轮盘赌、扑克21点，骰子赌。与此相关还有大量的餐饮，酒吧，商业服务等设施。这些赌场从中午或下午开始，彻夜灯火通明，成为蒙地卡罗最具盛名的产业（图4）。

　　要招徕游客还需有方便的交通住宿。摩纳哥和欧洲及世界各国有方便的海陆空联系。从欧洲主要国家的首都只需1~2个小时的航程就可飞抵这里，从法国的尼斯机场乘直升机只需7分钟就可到达。方便的陆上交通也提供了良好的条件，尼斯国际机场距这里22千米，意大利距这里12千米，尤其是尼斯与摩纳哥之间，有3条高速公路相连。国际列车也在蒙特卡罗站停车，如马赛米兰，巴黎凡提米格拉，巴

图4　蒙地卡罗赌场

黎土伦的火车都经过这里。海上交通也有良好的港湾设施，如孔达明区的摩纳哥港，防波堤内有16公顷、水深6.87~19.7米，可容550艘船，位于芳迪维耶里的两个港口，一个5.5公顷，可容110艘船，另一个3.5公顷。

为广大的游客和赌徒服务，还必须提供良好的住宿设施。在摩纳哥这样的弹丸之地上，就有各种星级的客房2 200多间。其中四星级的旅馆（1 733间），绝大多数都围绕在蒙特卡罗赌场的周围，如位于赌场西侧的巴黎饭店（229间），赫尔米塔日旅馆（236间），南侧的劳乌斯饭店（636间），东侧的大都会宫（170间），另外3家位于蒙特卡罗东面的拉沃托海滨，即米拉卜旅馆（100间），海滩广场（316间），蒙特卡罗海滩旅馆（46间）等，对这些四星级旅馆来说，除去必备的餐饮、停车、购物、娱乐之外，还必须具备观海的平台或花园，以及专用的游泳池，可把池水加热到28℃。

以蒙特卡罗最大的劳乌斯饭店为例。这个有636间客房的旅馆位于山脚下，像一艘船一样漂浮在海上，现代风格的横线条使整个饭店十分舒展，架空的立柱直接伸入碧蓝的海水之中，横贯的路易二世大道就从饭店下部通过，宽大的阳台和遮阳使客房有良好的观海条件，客房内可以提供32个电视频道，包括英、法、意、西班牙、阿拉伯和日本等不同的语种。饭店内有6个不同风格的餐厅，5个酒吧，16个多功能厅，其中最大的宴会厅可容2 000人就餐或举行1 000人的宴会。商业街有12家豪华的商店，60个橱窗，在顶层有室外游泳池和健身中心，屋顶布置成斑斓的大花园，内有不同风格的雕塑，并和北面的大赌场庭园连在一起。此外，著名的蒙特卡罗会议中心也和劳乌斯饭店连在一起，因为在旅游淡季时，这里也要依靠其他手段吸引游客，许多国际组织的总部设在摩纳哥，一些大型国际会议经常在这里举行。蒙特卡罗会议中心有一个1 100座的多功能演出厅，除会议外，还可用于音乐会、芭蕾舞、录音、艺术展览和电影等，这里有6种语言的同声传译，还有两个100人的会议厅，50人和80人的会议厅各一个，1 800平方米的展览大厅可以提供7.5~9平方米的展位共100个，当然还有灯光、闭路电视、录音、放映等设施和贵宾休息室、酒吧等（图5、图6）。

除四星级饭店外，其他星级的旅馆规模都不大，如7家三星级旅馆共413间客房除摩纳哥阿贝拉旅馆192间客房外，其他各家客房都在68~140间不等，而二星和一

图5 远望劳乌斯饭店
图6 劳乌斯饭店平台上的现代雕塑：亚当与夏娃

星旅馆只各两家，共132间客房。

除住宿设施外，还要有充分的餐饮服务。摩纳哥全国包括旅馆餐厅在内共有餐厅100多家（1991年统计）。其中既有十几个座位的小酒吧，也有二三百座直到蒙特卡罗俱乐部1000座的餐厅。这些餐馆多以意大利风味见长，约占1/4左右，经营海鲜和烧烤风味的约占1/4，其中亚洲风味的只有4家，包括两家中国风味餐馆。这些餐馆有1/3夜间开放营业。由于旅游国家的特点，这些餐馆3/4设有室外平台，提供室外座位，为顾客创造舒适的观景条件。

由于摩纳哥是个山城，地形陡峭，因此密集的建筑，高低错落轮廓丰富的层次成了这个小国的特色，这里的建筑体现了地中海文化的特征，从古典建筑、文艺复兴、巴洛克，直到方盒子的现代建筑，多种多样的风格和手法，各种颜色和不同轮廓的屋顶相映生辉，古典风格的大赌场与其下方现代手法的饭店形成强烈的反差，具有热带风格的棕榈树和良好的室外环境绿化，丰富的喷泉，多彩的夜色使其景观别有情趣。由于旅游业和赌场的发展也使房地产业蓬勃兴起，所以在海滨的黄金地带，不断有摩天大楼庞然大物拔地而起，形成见缝插针之势，也让人担心这种争夺空间的商业越演越烈地发展下去，海滨不知会变成什么样子。

作为城市的公共设施，考虑到道路的密度和高差，台阶太多。为解决垂直交通，在全国设有五处大型电梯供公众使用，每天6~22时开放，并设有电视监控设备。此外为私人汽车提供总数为4000辆的停车场，6处加油站。同时，在全国范围内还有五条公共汽车线路和小巴的交通服务，公共汽车约平均每10分钟一趟，可以到达各个主要的观光点。

1993年9月24日国际奥委会全体会议在位于蒙特卡罗东面拉沃托海滨一个半岛上的蒙地卡罗体育俱乐部内举行（图7），该俱乐部是个圆形和自由曲线相结合的现代建筑，其主要会议大厅四面墙上镶满了镜面玻璃。

对于北京来说，人们更为关切的是将在摩纳哥召开的国际奥委会的全体会议。摩纳哥的国家奥委会对此早就做了周密细致的安排，并将有关的方案和细节提交国际奥委会。据介绍这次为世人瞩目的国际奥委会全体会议将在位于蒙特卡罗东面拉沃托海滨一个半岛上的蒙特卡罗体育俱乐部内举行，俱乐部是个圆形和自由曲线相结合的现代建筑，其主要会议大厅四面墙上镶满了镜面玻璃。届时将为各申办城市

图7　蒙地卡罗体育俱乐部

介绍情况提供大屏幕。介绍完情况以后，各申办城市的代表团将集中在西端的路易二世体育场等待国际奥委会采用逐轮淘汰的方法最后投票决定2000年奥运会的主办城市。当国际奥委会萨马兰奇主席宣布投票结果后，获得主办权的城市将马上在蒙特卡罗会议中心举行记者招待会，回答记者们的问题。晚上主办城市将在海滩饭店举行招待会。这真是一场激烈的竞争，而这场竞争的特点是只有第一名，而没有第二名。（这次会议投票结果显示：悉尼胜出，赢得2000年奥运会主办权，北京以2票之差惜败。）

原载《世界建筑》，1993年第2期，因原文语境仍为当时情况，故略有修改

1892年11月的一天，"现代奥林匹克之父"皮埃尔·德·顾拜旦（1864~1937年）在一次大会上慷慨激昂地说："我们为什么不马上创办现代奥运会呢？怎么创办？是照抄古希腊奥运会，还是要有所发展、创新？现代奥运会在何处举行，只能在希腊吗？什么人可以参加奥运会？只有希腊人吗？"接着，他以坚定的语气说道："我们要恢复的是以和平、友谊、进步为宗旨的奥运会，她将不受国家、地区、民族和宗教的限制，向一切国家、地区和民族开放。"此后不久，现代奥林匹克运动作为人类社会的新生婴儿降临人世，经过100多年的发展和完善，现在已经成为世界性的盛大庆典和节日。

　　是顾拜旦敏锐地发现了奥林匹克运动顽强的生命力。他在一篇文章中写道："当今世界充满发展的极大可能性，但现时也存在着危险的道德衰败，奥林匹克精神能建立一所培养情操高尚与心灵纯洁的学校。"从某种意义上讲，现代奥林匹克运动是古代希腊奥运会的延续和发展，它继承了古代奥运会的精神和优良传统，又根据现代人们的观念和需求有了新的改革和拓展。

　　1991年11月我第一次访问位于欧洲巴尔干半岛最南端的文明古国——希腊。伟大的诗人拜伦曾经用热情的诗句歌颂过她：

　　　　　　希腊群岛啊，希腊群岛！
　　　　　　从前有火热的萨福唱情歌，
　　　　　　从前有文治武功的花草，
　　　　　　涌出过狄洛斯，跳出过阿波罗！

承蒙我国使馆的精心安排，汽车从雅典经过5个小时的山路跋涉，我们造访了位于伯罗奔尼撒半岛西部的奥林比亚，即希腊古代的宗教圣地和奥林匹克运动会的遗址。当天晚上就住在了当地的奥林比亚学院。

古希腊是西方文明的发祥地之一，尤其是艺术和科学方面的遗产，米诺斯文化和迈锡尼文化都是公元前2000年至公元前1600年的早期文化，到公元前12世纪，多利安人进入希腊定居，在这里由氏族社会演进到奴隶制时代。公元前8到公元前6世纪时，希腊先后形成了许多奴隶制城邦，不但手工业和海上贸易发达，同时还致力于文学、艺术、政治和哲学的发展，当时最具有代表性的城邦就是斯巴达和雅典。古希腊文明在公元前5世纪达到顶峰，此后希腊在内战纷争中逐渐走向下坡，最后于公元前338年成为马其顿王国的附庸。

古希腊人热爱体育运动。无论是民间的婚丧嫁娶，还是国家的节日庆典，人们都有祭祀自己的城市保护神或传说中的英雄人物的习俗。除庆祝祭祀活动外，他们还要用体育竞技来祈求庇护，娱乐神祇，这在城邦极盛时期表现最为突出，体育竞技已经成为生活中不可缺少的内容，成为定期举行的节日活动。这种全希腊性的运动会共有4个，分别祭祀希腊神话中不同的神祇和英雄。即：特尔斐的运动会祭太阳神阿波罗；科林斯的运动会纪念海神波塞冬；阿加利的运动会纪念宙斯的儿子赫拉克利斯；以及祭祀众神之首宙斯的奥林匹克运动会。据文献记载，奥林匹克运动会首次比赛于公元前776年在靠近阿尔菲奥斯河和克拉迪奥斯河汇合处的奥林比亚举行，此后每隔4年举行一次，直到公元393年被罗马皇帝取消。最早的运动会为期一天，只有赛跑一项，以后增加了各种比赛项目，赛期也延长到5天。人们从四面八方聚集到这里，比赛异常激烈，奥运会的冠军会获得由橄榄枝叶编成的荣冠，除比赛外，这里每天还有各种祭祀的仪式。

然而我们今天所面对的遗址却是一片残垣断壁，只能凭借眼前这些遗迹来想象昔日的辉煌。随着城邦的衰落，奥运会也日见衰微，尤其是被马其顿人和罗马人占领以后，东罗马皇帝在第292届奥运会后，废止了奥运会，公元426年罗马皇帝命令烧毁了奥林比亚的所有建筑。公元522年和551年两次强烈的地震，把这片废墟埋入了地下。在此后的岁月里，湍急的河水把一切冲刷得荡然无存，这儿成了一片平原，一片葡萄园，一个普通的采石场，时光的流逝洗去了人们的记忆。今天所面对的这一切都有赖于此后的考古发掘。

欧洲文艺复兴、宗教改革和启蒙运动后，引起史学界和文化体育界对古代奥运会的神往。从18世纪起，法、英、德的一些学者相继对奥林比亚进行考察，1766年英国学者发现了宙斯神庙的遗址，1829年法国的一支远征军中的考察队首次学术发掘，揭示了神庙的整体布局，而最大规模的发掘是在1875年至1881年由德国人进行的，考察取得了巨大的突破，揭示了整个神庙区及其界外的若干建筑及体育场的位置，发掘出若干窖藏及雕刻艺术品。当1936年现代奥运会在柏林举行前，希特勒为了宣传需要，曾资助对遗址重新发掘，其中一个项目是发掘整个运动场，发掘工作因二战中断，1952年恢复发掘直到1960年完成并于1961年修复。现在我们所看到的就是这些考古发掘的成果。

从发掘总平面和复原图来看，遗址分为中心神庙区和周围设施及建筑两部分。中心神庙区又称阿尔提斯或宙斯圣园，为不规则四边形，长约200米，宽170~180米，除北面以克洛诺斯山为界外，东面为长近百米的回响廊（Echo portico），这个彩绘柱廊因说一句话可引起7次以上回声而得名。其他两面筑围墙。其中最早建成的神庙是位于北面的赫拉神庙（Temple of Hera），赫拉是女性的保护神，据称神庙用砖石和木材于公元前6世纪或8世纪建成。神庙平面窄长，殿内是赫拉坐像和宙斯立像，现东面的两根陶立克柱子依然耸立，成为神庙区十分引人注目的标志。每届奥运会圣火的点燃仪式都是由身着古希腊服装的年轻女性在赫拉神庙前的广场上聚光点燃，因此让世人印象深刻。更重要的是神庙里的供物为历史学家们确定奥运会的起始年代提供了重要线索。

关于奥运会的起因有各种神话传说，并且这种祭典仪式、歌舞竞技在公元前1100年左右即已存在，之所以确定公元前776年始是基于人们更相信这一说法：由于连年战争和瘟疫流行，运动会曾一度衰落，后来太阳神发出喻示："应当立刻停止战争，恢复奥运会，向宙斯献祭，苦难的人们才能从灾荒和动乱中解脱出来。"这样，斯巴达、比萨和伊利斯的国王达成了神圣休战协定，规定每4年在宙斯祭坛举行一次奥运会。这个协定据说刻在一个铁饼上，并保存在赫拉神庙内，古希腊历史学家波桑尼亚说他曾亲眼看到过这个铁饼，古希腊哲学家亚里士多德在参观奥运会时也曾见到过，并还能辨认出上面刻写的国王的名字，铁饼虽在战乱中遗

图1　奥林比亚复原图

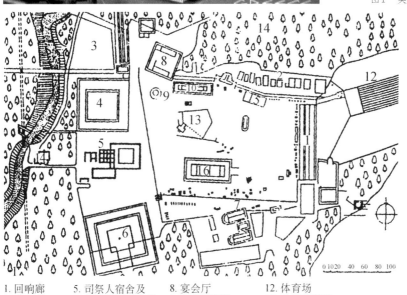

1. 回响廊
2. 珍宝库
3. 竞技场
4. 角力学校
5. 司祭人宿舍及
　 菲狄亚斯工作室
6. 宾馆
7. 议事厅
8. 宴会厅
9. 菲利普庙堂
10. 赫拉神庙
11. 赫洛德斯视像
12. 体育场
13. 珀罗普斯墓
14. 克洛诺斯山
15. 赫拉圣院
16. 宙斯神庙

图2　奥林比亚宙斯圣园总平面图

失，但这些记述却为人们所接受。赫拉神庙东北侧山脚下为12间陶立克神庙式的珍宝库（treasuries），里面存放各城邦赠送给众神的礼物。神庙区中最大、最重要的建筑当属位于南侧的宙斯神庙（Temple of Zeus），建于公元前457年，表明当时人们崇拜的中心已经从女神赫拉转向了她的丈夫宙斯。神庙是典型的陶立克式建筑，也是为了纪念希腊波斯战争希腊取胜的唯一纪念物。整个建筑长73.74米，宽30.44米，高21.79米，正面6根廊柱，两侧各13根，东西山花上都有生动的雕刻，主要是宙斯主持战车赛前献祭的场面和阿波罗与半人半马怪之间的战斗。进入神庙大门和过厅，里面用两排柱子分为三开间，中间深处就是古希腊著名雕塑家菲狄亚斯（Phdias，约前490~430年）的宙斯雕像。雕塑家还曾负责雅典帕特农神庙的全部装饰雕刻。据记载塑像高19.2米，但经近代复测、分析，证实高为15米。这件被称为古代七大奇迹之一的珍宝并没有留存下来，公元426年狄奥多西斯二世把宙斯像和许多珍奇宝物运往君士坦丁堡，后来雕像毁于公元475年的一次大火之中。但此前看过这一雕像的人都为雕塑家的高超技巧所折服。

古希腊历史学家波桑尼亚记述他在神庙的内殿看到了王座上的黄金和象牙制成的宙斯像，这可能是菲狄亚斯最后的大型作品。雕像呈坐姿，正身用乌木雕成。雕塑家出于对众神之首宙斯的崇拜花费了8年时间，并希望用最昂贵的材料来表现神的伟大和崇高。如神像的衣服遍缀黄金薄片，上面镶嵌着珍珠和宝石，身体裸露部分全部用象牙拼嵌，眼睛是两颗硕大的宝石。宙斯右手持胜利女神像，左手执权杖，上立一只神鹰，下方雕胜利女神和太阳神杀死骄傲女神之女的故事，椅背高于头部。

宙斯神庙在若干世纪以前因地震而崩坍只剩下了残柱和台基，在现场可以看到巨大的柱头上的垫板，地面上的陶立克柱式有近10米高，柱间距是4.8米，三陇板的中心间距是2.4米，屋顶的大理石盖瓦有0.6米宽，在台基最上一层放有铅板，以便确定柱子的间距。这种对比例的精确追求，正是古典主义建筑的重要特征之一。神庙的东南，是一尊胜利女神像，安放在一个高高的石台上，这是神庙区最高的标志，目前也只剩下了基座。

图3　角力学校的列柱

图4	图5
图6	图7
图8	图9

图4 竞技场东侧的柱廊柱基
图5 倒塌的石柱
图6 宙斯神庙前的石柱
图7 考古发掘出来的建筑构件
图8 胜利女神像基座
图9 宙斯神庙

两个神庙之间是珀罗普斯墓，据称他是海神波塞冬的儿子，为追求国王的女儿而冒生命危险成为第14位求婚人，在战车比赛中他获得了胜利，为庆祝胜利和结婚，他举行了盛大的竞技会，这也成为奥运会起源的一个传说。所以也有人认为他可能是本地的一个部落的酋长，生前举行过赛车竞技。据说，早期的奥运会短跑就曾在墓地和宙斯神庙之间进行。在宙斯神庙和赫拉神庙之间还有举行仪式祭礼的宙斯大祭坛，每当举行仪式时，除张灯结彩外，坛上还要摆放花圈和珍奇的供品，祭礼从宰杀成群的牲畜开始，表示人们的虔诚，然后把牲畜的爪子在坛基处火化，从神灰中寻找神的谕示，而牲畜则在祭坛上供飞来的老鹰啄食。

　　另外，赫拉神庙西南，还有马其顿王为纪念他父亲而建的爱奥尼柱式的菲利普庙堂（phillippeion），据称内置黄金和象牙的雕像。神庙区最西北角是宴会厅（prytaneum），无论是宴请竞技优胜者，还是优胜者宴请亲戚朋友都在这儿举行。据记载，这里是奥运会期间最热闹的地方之一，富丽堂皇，精工制造的座椅上铺着紫色的毡子，桌上陈设着佳肴美酒，金质的酒碗和双耳酒杯闪闪发光……

　　早期的赛跑就在神庙的前面，到公元前4世纪中，移到了神庙区的东面。1878年发掘到了把体育场和神庙区连接起来的通道，这个通道长32.045米、宽3.7米、高4.45米，其中一段有拱顶，这也是古代奥运会遗留下来最重要的遗迹之一。运动员和裁判员经过这个拱形通道，就来到了著名的体育场。虽然早在1880年到1881年，考古学家就发现了刻有两条凹槽的大理石起跑线，但整个体育场上约7万立方米的土方运走还是20世纪40~60年代的事。通过发掘和复原，人们了解到体育场的整体情况：这是一个长方形的场地，中间赛场长192.25米，如加上终点后的缓冲，长计212米，宽约32米，可同时供20名运动员比赛；场地跑道两边是利用地形而造的坡度，不大的斜坡可供观众观看比赛。也有一种说法认为，北面是利用山坡，而南面则是人工的座位。在斜坡中央靠近跑道处有一个特制的座席供裁判员使用，在跑道和斜坡看台之间有专门的排水沟和集水坑。古希腊有句名言，就是："如果你想强壮，跑步吧！如果你想健美，跑步吧！如果你想聪明，跑步吧！"因此，短跑是古奥运会最早的项目，也是最初的唯一项目，以后又增加了到终点线以后折回往返的中长距离跑。在体育运动场南面开阔的阿尔菲奥斯河谷，有赛车场，但未发现跑道。

图10　赫拉神庙
图11　赫拉神庙东侧
图12　赫拉神庙北侧

图15 图16

图13　通向体育场的入口及右侧的回响廊
图14　入口拱廊通道远景
图15　由体育场内望拱廊通道
图16　体育场地及起跑石，远处为裁判席

图17　体育场跑道边的水沟
图18　赫拉神庙石柱细部

图19 角力学校列柱细部
图20 奥林匹克博物馆室外走廊
图21 奥林匹克博物馆内院

在神庙区西面，还有许多重要的建筑物，其中包括位于西南的接待贵宾的宾馆（leonidaion），初建于公元前4世纪，罗马时代重修，是各城邦代表、富裕的竞技者和观众的住所。除奥运会比赛以外，各城邦的代表还利用这一机会在这里同其他城邦进行谈判，签订条约，有时这些条约还要在青铜柱和石柱刻上铭文来作为证明。而一般的竞技者和观众则住临时的帐篷。

图22 奥林匹克博物馆陈列的爱奥尼柱式

神庙区的北面依次有竞技场（gymnasium）及其东侧的一排柱廊，其中有一个练习赛道，其南面为角力学校（palaestra），因为参加古奥运会的竞技者们要在比赛开始前一个月来到这里，在裁判员的监督和指导下，进行艰苦和严格的训练，竞技场是原长220米，宽120米的建筑，因河水冲淤，已无法辨认其原貌，那个有柱廊的练习赛道就是通过遮荫来保护运动员免受夏日炽热阳光的炙烤。在角力学校和宾馆之间有一座教堂，建在古典时代一座神庙的地基上，1876年德国考古学家发掘时就推测这可能是当年雕塑家菲狄亚斯的工作室（Phidias Workshop），1956年的进一步发掘使这一推测得到了证实。因为在这一地区的发掘中找到了铸造青铜的地窖、铜渣、石膏碎块，还有雕塑家的铲刀工具等。最重要的，是人们发现了一系列的赤陶模，模背后都标有字母，匠人们正是利用这些陶模敲打出薄薄的金叶来制造神像上的金衣，而字母是帮助确定这些金衣所在位置。在这个工作室南面的一个辅助工作室还发现了一段象牙，估计古人已经从上面切掉了一段去修补神像了。这些也在前述的宙斯神像中得到印证。宾馆东侧还有议事厅（bouleuterion），从建造技术看，是公元前5世纪以前的产物。

从现场拍摄的照片看，还可以大致判断各建筑物的位置所在，但绝大部分都已是考古发掘之后的遗迹了。人们站在神庙的基台上，放目四望，除了少数远来的游人和几个当地人外，看到的是山上的橄榄树林，听到的是鸟儿的鸣叫和流水声，呈现出一派安宁和静谧的气氛。可以想象，在宣布了"神圣休战"的命令后，在每一个闰年的夏至后第一次月圆即古奥运会举行的日子里，这里就是另外一番景象了：

它不但是祭祀众神的宗教典仪，更是古希腊人的全国节日。冠军的荣誉和竞争之后的优胜者，如果能连续3次获得冠军，就有杰出的雕塑家为他们塑像，像现藏伦敦大英博物馆的掷铁饼者，就是著名雕塑家米隆的杰作。除比赛之外，密林中竞技者和他的朋友在狂欢，诗人在吟咏新作。哲学家在讨论问题。艺人在表演，商人们在进行交易，城邦的代表们在谈判签约……人们都穿着华贵的衣服，佩带着珍奇的珠宝。夜晚则是优胜者欢快的火炬游行，2000多年前所提倡的"不用开口和流血，而用力量和灵敏来确立人的尊严"的理想却经顾拜旦的发起和提倡，而成为一种世界潮流，正如奥林匹克宪章所指出："奥林匹克主义是增强体质、意志和精神并使之全面发展的一种生活哲学。奥林匹克主义谋求把体育运动与文化和教育融合起来，创造一种以奋斗为乐、发挥良好榜样的教育作用并尊重基本公德原则为基础的生活方式。"

宪章还指出："奥林匹克的宗旨是使体育运动为人的和谐发展服务，以促进建立一个维护人的尊严的和平社会。为达到这一目的，奥林匹克运动独自或与其他组织合作，在其职能范围内从事促进和平的活动。"我们深深祝愿奥林匹克的理想能不断发扬光大。

我们在奥林比亚只停留了短短的半天，没有机会做更深入的了解和研究。现场附近还有奥林比亚学院和奥林匹克博物馆，当年法国人在现场发掘时，把一些珍贵的神庙雕刻花饰运到了卢浮宫，后来希腊政府和发掘者签订协议，规定所有的出土文物都必须留在希腊，所以在奥林匹克博物馆里可以看到宙斯神庙山花上生动的雕刻，但是展厅中不许拍照，让人觉得有些遗憾，但室外陈列的一些柱式和雕像还是让我们得到了一些安慰。

原载《建筑师看奥林匹克》，机械工业出版社，2004年版，收录时有修改

9 德国最古老城游

对中国建筑师来说，1986年被联合国教科文组织列入世界文化遗产名单的德国古城特里尔并不特别熟悉，因为人们更常去访问的是柏林、科隆、法兰克福、慕尼黑……实际上特里尔是西方世界四大古都之一，德国最古老的城市。这里居住过古罗马帝国的皇帝，也曾是教区大主教和选帝侯的住地，这些人对城市的形成、布局和建筑风格有过巨大的影响。著名的拉丁语诗人奥索尼乌斯在他的长篇诗作里，就曾把特里尔赞为"北方的明珠"、"第二个罗马"。因为这里保存着众多高质量的古罗马建筑遗迹，是当年古罗马文明的重要见证。

特里尔城位于德国西南部，属与法国、比利时和卢森堡毗邻的莱茵兰—普法尔茨州。这里四周群山环绕，弯曲的摩泽尔河从河谷盆地中流过，特里尔位于河的右岸，是个青山绿水、环境优美的城市，虽然铁路、公路、水路已极大改变了城市原有面貌，也陆续增建了许多新建筑，特里尔作为该州文化、交通和经济中心，不但有著名工业如啤酒、烟草、纺织、皮革制品和机器制造等公司所在

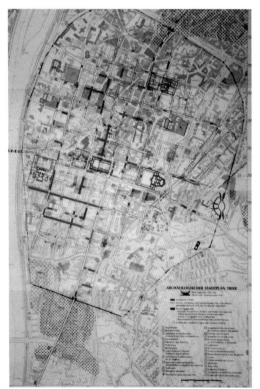

图1 特里尔古城地图（红色显示城中的遗址）

地，葡萄栽培和酿酒的贸易中心，同时是一个大学城，一个商业、旅游和会议中心之城。我们是利用来柏林参加国际建筑师协会大会的机会顺便访问这里的。

传说在古罗马帝国形成之前1300年就已经有了特里尔城，有确切记载的是公元前60年，恺撒、庞贝和克拉苏缔结同盟，把持了罗马政治以后，恺撒在公元前58年执政期满出任高卢总督，征服了外高卢三个行省，大败日耳曼部落，把摩泽尔地区纳入了古罗马帝国的版图。在恺撒用拉丁文写作的8卷散文集《高卢战记》记述了公元前58~前50年间（相当于中国汉朝）他的文治武功，其中就提到特里尔这一带的情况。公元前16年罗马皇帝屋大维在把疆域扩大到多瑙河上游时，注意到特里尔在战略上的地位，决定在这里进行建设，称之为Augusta Treverorum，建起了总长6.5千米的城墙和47个碉堡，以保护城内的手工业区，浴场和露天剧场等各种设施。到公元3世纪时，由于各地驻军纷纷拥兵自立，波士杜马斯在高卢称帝，当时（258~268年）包括比利时、法国和意大利北部地区，都被称为伽利阿，以特里尔为首都，并和科隆一起成为皇帝的居住地。275年时法兰克人和佛莱芒人曾侵入罗马帝国领土内，破坏了特里尔。到戴克里先称帝时，特里尔于285年成了罗马帝国西部的首都。因罗马帝国地域过于辽阔，戴克里先由正帝"奥古斯都"和副帝"凯撒"各二人的四巨头共同执政并实行分区治理，在293年封副帝君士坦提乌斯治理高卢、西班牙和不列颠。这一时期（306~316）特里尔兴建了许多重要工程，如修复了剧场和浴池，修建了宏伟的宫殿。由于君士坦提乌斯准许基督教会传教，由此特里尔也成了大主教管区的中心。这一阶段是特里尔城的全盛时期。

这种繁荣一直持续到4世纪，到公元395年随着罗马帝都迁往米兰，特里尔失去了其重要性并开始衰落，此后曾多次被法兰克人、诺曼人等侵占，城市也被破坏。直到902年（相当于中国唐朝），年幼的路德维希把皇权交给大主教，958年海因里希大主教建设了拉丁十字形的市场。12世纪时又建设了城墙，使城市的防御更为坚固。1257年，特里尔的大主教成为7个选帝侯中的一个，有权参与罗马帝国皇帝的选举。约1307~1354年期间（相当于中国元朝），由于大主教是德国皇帝海里希七世的兄弟，他运用权利将这里扩大为选帝侯国。17世纪时特里尔又先后被法国和西班牙军队占领，1794~1795年，法国革命军占领这里，选帝侯国开始衰落。到1798~1801年维也纳会议后，选帝侯国解体，特里尔成为法国萨尔省的省会，1815

年又归普鲁士。第一次世界大战以后到1930年，特里尔长期为法国人所占，在第二次世界大战中，许多文化遗产受到破坏，1946年特里尔归并德国新成立的莱茵兰—普法尔茨州。

时至今日特里尔的古代罗马遗存至少有16处，其中比较主要的有：

黑门（Porta Nigra）；大教堂（Cathedral）和圣母教堂（Church of Our Lady）；皇帝浴室（Imperial Baths）；圆形剧场（Amphitheatre）；巴巴拉浴室（Barbara Baths）；巴雪利卡（Basilika）；罗马桥（Roman Bridge）等。

由于时间只有短短几个小时，无法全部走访，因此只能走马观花地拍一些照片，并参照有关资料作一个简单介绍。

黑门是特里尔的象征和标志物。这是阿尔卑斯以北现存最宏伟的城门，建于2世纪最后的几年。它原是长6.5千米城墙的东北门，长约36米，宽21米，高约30米。其平面为口字形，两端为突出于北面的四层半圆形塔楼，中间部分三层，围合成一狭窄的内院天井。立面形式采用罗马人使用起来得心应手的拱券，底层中央是两个拱门，上面建起了拱券式箭楼。外墙材料原为浅色的砂石，石条各部分的连接没有采用砂浆，而采用注铅的铁箍，但饱经沧桑的外墙因时间久远变成了黑灰色，因此进入中世纪后就被称为"黑门"。到5世纪末法兰克人管理时，已经逐渐失去

图2　黑门全景

了原来的防御功能，此后城墙逐渐毁坏，只留下了黑门。1028~1035年，大主教让他的一个希腊隐士朋友西美昂在东塔内隐居，因此不对外开放。隐士死后，大主教把上部改建为纪念西美昂的议员财团用房，由单独的室外楼梯进入。下部改为教堂，并在黑门东面扩建了半圆形的教堂小室。在19世纪前10年，又拆除了此前扩建部分（只保留下东面的小室），把财团用房在黑门以西建成了由二层回廊包围的中庭，这也是德国最早的财团设施，现仅存其中一部分，而且是在1937~1938年间重建的，现做市立博物馆、旅游服务中心和餐厅之用。

图3　圆形剧场

距黑门南面不远就是大教堂和圣母大教堂。建于4世纪，因此也被称为阿尔卑斯以北最古老的大教堂。其具体建造时间一般认为是在戴克里先时期，当时君士坦提乌斯为纪念执政20周年，326年和他的母亲海伦一起奠基，所以中世纪时这里也常被称为"圣海伦之家"。在总平面上把两座教堂东西向平行相邻布置，大教堂在北面，而两个教堂之间是内院和洗礼教堂。大教堂中心部分的正方形外墙一直保存至今。教堂曾多次被毁重建，如4世纪毁，6世纪重建，公元882年复活节前被毁，10世纪时再次重建，1037年完成中心正方形后，历任主教不断增扩建，与相邻的圣母教堂间用回廊连接。1717年大灾后又按哥特式样式建翼廊。而圣母教堂是德国最早的哥特式教堂，是1235~1260年在原罗马巴雪利卡的基础上建成的，其平面极像玫瑰花瓣，中央是两排12根列柱，上面绘有基督十二门徒的画像，五彩玻璃窗和天顶画也极具特色。

大教堂在1687年专门建设了保存圣遗物的场所，圣遗物亦称圣衣，据说海伦在

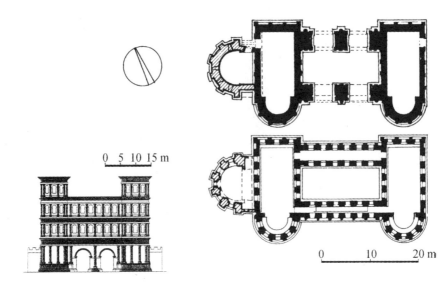

0 5 10 15 m

图4 黑门平立面

0   10   20 m

图5 黑门近景

图6　黑门局部
图7　黑门内天井

图8 罗马桥

4世纪时找到了圣衣，便将其从耶路撒冷运到特里尔，长期以来秘不示人。1196年圣衣被置于教堂东侧新的祭坛内，直到1512年在特里尔召开帝国议会时，按皇帝的旨意首次公开展出圣衣，此后在1933年、1959年、1996年曾三次公开展出，这是大教堂保存的最珍贵的圣遗物。此外，在内院南回廊的展览室也保存着若干个德国最珍贵的教会文物，以及10世纪初的一些工艺品。

巴雪利卡位于大教堂的东南，在希腊语中原意是国王的厅堂，但据考希腊建筑中并无这种型制，倒是后来对欧洲建筑和教堂有很大影响，因此也称巴雪利卡。4世纪初时君士坦提乌斯在旧设施的基础上建设了他的新宫殿，规模十分庞大，巴雪利卡所在的地方估计是其中较重要的建筑，像是做御座殿或接见厅之用。这是一个长方形而内部没有分割的高大建筑，长67米，宽27米，高30米，其外墙厚达2.7米，北面是半圆形的突出部，南面原曾建有与巴雪利卡垂直的横向建筑，据考其砖外墙曾部分涂以彩色，并且在两层窗下有两条木制的水平阳台贯通。据称其内部装饰十分华丽，墙面为大理石，壁龛是金色马赛克，地面是黑白色大理石，地面下有地面采暖，墙面也有采暖。从13世纪起这里成为大主教的住所，17世纪在南面建设选帝侯宫殿时因为紧靠巴雪利卡，所以厅堂内许多地方被拆除，19世纪时又曾进行

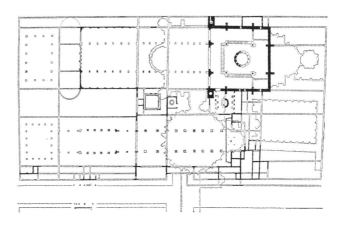

图9 大教堂和圣母教堂外景
图10 大教堂(上)和圣母教堂(下)平面

图11　大教堂正面外景

图12　大教堂中央大门

图13　教堂间内院
图14　内院回廊

0　　　　　50 m

图15　巴雪利卡外景
图16　巴雪利卡原平面及外观复原图

图17 选帝侯宫和左侧的巴雪利卡

改建，1856年成为救世主教会的教堂，二战时毁于战火，此后把天花改造成正方形的组合，并于1956年完成。

从特里尔古城的方格街道复原图来看，皇帝浴室位于古城的中部，从西部的罗马桥、巴巴拉浴室、城市广场、皇帝浴室，直到东面的圆形剧场形成集中的建筑群带，总长度近1000米。皇帝浴室和建于公元150年前后的巴巴拉浴室不同，后者号称是罗马帝国第三大浴室，并一直使用了数百年。而皇帝浴室是在4世纪时由君士坦提乌斯所建，但从未按浴室使用过。因为在建好其中心部分之后，316年君士坦提乌斯即离开特里尔，324年他击败另一罗马皇帝索锡尼后回来，加强了城市的建设，但浴室已移作兵营作防护用。此后的继任者瓦伦提乌斯在这里设立了特里尔议会，用地也扩大到250米×145米。在中世纪时曾用作带有角楼的城门，1802~1803年法国人统治时在用地内建了两个教堂。直到1817年关闭了城门并开始考古发掘，1912~1914年发掘了浴室的东半部，1960~1966年发掘了西半部，并陆续做了整修和恢复，其中包括复杂的地下道和水管系统，浴室加热和取暖器具，更增加了人们对这一复杂建筑的兴趣。

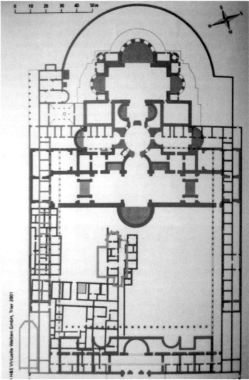

图18　罗马浴室鸟瞰

图19　罗马浴室平面（蓝色：老住宅，红色：未完成的罗马浴室，
　　　粉红色：浴池，绿色：兵营，黄色：教堂。）

图20　皇帝浴室近景

图18 图19
图20

从介绍材料看，罗马桥至今还在使用，但2世纪时的遗物，只剩下了7个石桥墩中的5个。圆形剧场建于公元100年左右，是特里尔文物遗址中年代最早的，用地70米×50米，巧妙地利用了山势，建成了三层建筑，其石制座席可容2万人，西面为观众入口，还有皇帝的包厢。但在19世纪时这里变成了采石场。

除罗马时代的古迹外，在特里尔城中心的中央广场是经常进行各种节日和庆祝活动的场所，同时也有许多有价值的建筑可注意，有许多文艺复兴式、哥特式及洛可可式的建筑，如广场西北转角的有斜坡屋顶的四层建筑就是1430~1483年市参事会的会场兼酒场。广场中的十字架花岗石柱是958年海因里希大主教一世所制。其他木骨架的民居现在也多做商店、咖啡店之用。靠近黑门处的三圣王之家是13世纪初所建，是晚期文艺复兴，早期哥特式风格，立面极具特色。

更需要指出的是，特里尔之所以吸引中国游客，是因为这儿是马克思出生的地方。1818年5月5日，卡尔·马克思出生在特里尔布吕肯大街（桥街）10号一个律师家庭，这儿因离罗马桥较近故名为桥街，而其西段已命名为马克思大街。这是一座三层的沿街楼房，青色石瓦屋顶，是莱茵地区典型的住宅形式。马克思是家中9个孩子中存活下来最年长的一个，6岁时受基督教新教洗礼，1830~1835年在特里尔读中学，后考入波恩大学，不久又入柏林大学，人们称他是"现代社会主义的奠基人"。马克思一家在这里生活时间不长，现在这栋房子由一个财团管理，作为马克思博物馆，也是特里尔城6个博物馆中的一个。据称，故居一层是专题展室，二层展出生平珍贵资料，三层展出各种著作版本。但遗憾的是，我们到达时还不到开馆时间，但又不能久等，只好拍照留念表示曾来此一游。

人们也许不会想到，在特里尔这个小城也能体验到古罗马的一座名城，一段历史，并从中了解在建筑以及其他方面古罗马文明所达到的成就。

原载《印象——建筑师眼中的世界遗产》，机械工业出版社，2005年版

10

慕尼黑是德国南部名城，是德国继柏林、汉堡之后的第三大城，慕尼黑（Muchen）的德文原意是"僧侣之乡"，从公元8世纪的一座修道院开始，经过1000多年的沧桑巨变，现在已成为国际闻名的文化之城、艺术之城、体育之城、经济之城。1987年之后，我曾数度造访慕尼黑，虽然都是短暂的走马观花，但随着对城市历史文化的进一步了解，印象也不断加深。

一

慕尼黑是德国东南部巴伐利亚州的首府。巴伐利亚州是德国16个州中最大的一个，有着自己独特的历史和文化特色。历史上这块土地曾上演过错综复杂的战争进犯、领土分封、占领吞并、宗教介入、家族斗争的故事。巴伐利亚位于当时的普鲁士和奥地利之间，由于几方的相互制衡而充满了争斗，直到1871年普法战争中普鲁士获胜以后，才由普鲁士国王威廉一世建立了由他统治的包括巴伐利亚在内的德意志帝国（一般称为"第二帝国"），但巴伐利亚在帝国内获得了较大的独立性，可以持有外交、军事、邮政和铁路的自主权。慕尼黑的居民有一种说法，认为自己首先是慕尼黑人，其次是巴伐利亚人，最后才是德国人。还有一种说法是巴伐利亚人常以美因河为界，要么就是巴伐利亚人，要么就是普鲁士人，也就是所谓的南方人或北方人，非此即彼。当然也可能还有在宗教信仰上天主教和新教的问题，这都说明了巴伐利亚在社会文化发展上的独特个性。

慕尼黑因食盐贸易及授权僧侣建立市场而逐渐繁荣。15世纪末威廉四世公爵选

图1　1761年时有3万居民的慕尼黑

定慕尼黑作为宫殿所在地及巴伐利亚的首府。此后的几百年中，慕尼黑经历了战争、占领、贫穷和复兴，直到1806年与法国拿破仑结盟后，巴伐利亚才成为一个独立王国，慕尼黑是王国的首府和王宫所在地，1819年第一届巴伐利亚议会在慕尼黑召开，尤其是路德维希一世就位以后(1825~1848年在位)，对慕尼黑进行了大规模的规划和改造，奠定了慕尼黑今日的城市总体布局和古典建筑风格，使这里成为名副其实的欧洲大都市。路德维希二世即位以后（1864~1886年在位），更是大兴土木，建造了一批纪念性建筑，以致国库财政亏空（图1）。

在近现代历史上，慕尼黑还发生过许多令世人瞩目的事件。第一次世界大战结束时德国战败，独立社会民主党人艾斯纳在1918年11月7~8日，推翻了路德维希三世的王朝统治，宣布巴伐利亚为共和国，自任总理兼政府外长。但他在次年2月21日遇刺，随后局势混乱，各革命机构仿效俄国宣布成立苏维埃共和国，但5月即被镇压。慕尼黑也曾是纳粹德国的独裁者希特勒的发迹地，他在1913年由奥地利移居慕尼黑，一战时参加德军，1919年参加纳粹党，随着该党的扩大，在1921年成为党魁，1923年11月8~9日，希特勒利用当时混乱局势和群众的不满情绪，与鲁登道夫将军和他的追随者共谋起事，他们在一家地下室的啤酒馆举行集会，并在第二天纠集了3 000名党徒向市中心进发，但暴动流产，希特勒以叛国罪获刑5年，实际只在狱中服刑8个月，但这让希特勒捞取了不少政治资本。纳粹当权以后，巴伐利亚成为纳粹主义的根据地。在吞并了奥地利之后，1938年9月29日，希特勒、墨索里尼、张伯伦和法拉第在这儿签署了臭名昭著的《慕尼黑协定》，允许德国吞并捷克斯洛伐克的苏台德区。由于当时欧洲各国对德国实行绥靖政策，希特勒得寸进尺，1939年3月吞并了整个捷克斯洛伐克，9月入侵波兰，挑起了第二次世界大战。在二战中慕尼黑受到了毁灭性的打击，前后遭受过66次空袭，仅1943年3月9日—10日，英国空军就出动了264架飞机进行轰炸，炸毁了291座建筑，有2 600座建筑受到不同程度的破坏，终战时，城市南部几近毁灭。战后这里成为美军占领区，1949年联邦政府成立后，对这座城市进行了恢复和重建工作。

1972年8月26日—9月11日在慕尼黑召开了第20届夏季奥林匹克运动会，这个全球盛会使世界重新认识了慕尼黑。当时新上任的国际奥委会主席基拉宁勋爵认为："把1972年奥运会放在西德，放在纳粹主义发迹的地方举行，这是一件具有世界意义的大事，其意义是向全世界表明，西德已经从战争的废墟中崛起了，它的年轻一代有能力参加所有的体育竞赛。"

<h1 style="text-align:center">二</h1>

德国有着良好的体育传统，德国体育联合会中有85 500个协会。据统计，在全国8 300万人口中，每4个德国人中就有1人是体育协会的会员。最受欢迎的足球联合会，有620万名会员。慕尼黑也是一个体育之城，1963年德国开始举办足球职业联赛，18支队伍中一个城市只能一个队报名，当时"慕尼黑1860队"得以注册，这个俱乐部成立于1860年，1899年设足球部，主要得到城市南部市民的支持，而北部市民支持后来1900年成立的拜仁慕尼黑队，拜仁在德语中即巴伐利亚之意，许多著名的球星如鲁梅尼格、马特乌斯、克林斯曼、哈斯勒等都出身这两个队。

主办1972年夏季奥运会在德国和慕尼黑体育史上都是具有划时代意义的事件。慕尼黑在1966年4月26日国际奥委会第64届罗马会议上，淘汰了另外3个竞争对手（蒙特利尔、马德里和底特律）而赢得主办权。当时的慕尼黑市市长沃格尔博士

（1972年后担任过司法部长和柏林市长）在陈述报告中强调了慕尼黑举办奥运会的四个特点：奥林匹克体育中心和奥运村距市中心仅4千米，奥林匹克体育中心距奥运村相距只有几百米；慕尼黑可为每个参赛国提供自己的练习场地；慕尼黑有良好的通信和交通设施，尤其是彩色电视的转播将为电视转播权带来可观的收入；比赛所需的资金得到了联邦政府和州政府的保证，并承诺运动员每人每天的费用在6美元以下。市长还强调慕尼黑是一个年轻人的城市，体育的城市，城市中1/5的居民是在1945年以后出生的，到1972年时有2/5的居民在30岁以下，每10人中就有1人属于体育俱乐部，每3人中就有1人至少从事一种体育项目。为了造势，慕尼黑在申办现场还专门立了一幅17米×2.7米的城市全景以及场馆的模型。

在申办之初提出的体育中心方案只是个示意性的。体育中心选址于城市西北的近280公顷的用地上，原来是小飞机场，附近有掩盖废墟的丘陵，有一条重要的东西向交通干道和绿化带将用地一分为二。申办时提出的方案是设置一个近于500米×1000米的长方形架空平台横跨道路之上，平台一侧是大体育场，另一侧是体育馆和游泳馆。慕尼黑申奥成功后在1967年7月举行了设计竞赛，组委会提出竞赛的主题是：美和体育的庆典；绿化之中的奥运会；交通距离最短的奥运会，同时将来能够作为城市的娱乐中心。最后斯图加特的建筑师G.贝尼施的团队与结构工程师F.奥托合作的设计方案胜出，这就是后来称为"世界上最豪华的屋顶"的体育中心。评委们认为：布置紧凑集中，把丘陵很好地组织到用地之中；交通路线短，避免与干道交叉；绿化结合丘陵、人工湖，形成生动的景观；下沉式的大体育场很像古代的剧场。与之形成对比的第2名的方案，规整的格局形成巨大的人工结构，而第3名则采取与慕尼黑的英国花园十分相近的分散布置（图2、图3）。

入选方案的设计由两个体系构成：一个体系是在地面上各个设施的安排和布置；另一个体系是把这些设施覆盖起来的屋顶结构。当年设计竞赛的评审委员会在肯定方案构思的同时，对这种帐篷式屋顶结构的耐久性、抵抗风雨能力以及排水性等表示过怀疑并提出过意见，并曾劝告设计师可否用其他代替方案。因为设计人员最初提出其屋顶方案与1967年蒙特利尔世博会的德国馆是同样的纯粹的悬索结构形式。但他们很快发现，无论从规模大小、隔热防湿要求、雪荷载等因素考虑，都必须做较大的修改。结构设计师F.奥托经过半年的研究提出了修改方案：首先把7.5

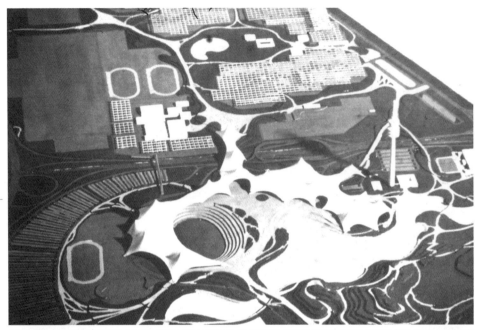

图2 奥林匹克体育中心竞赛一等奖方案

图3 奥林匹克体育中心竞赛二等奖方案

万平方米的屋顶分为较小的单元，由12根40米~80米高的主桅柱吊住主钢缆，45根小桅柱和123个钢筋混凝土锚固墩拉住边缘钢缆，钢缆之间是曲面的索网，用金属框镶以4毫米厚丙烯透明塑料板，屋盖的总重量为3 400吨，总造价1.65亿马克。在当时还没有计算机辅助设计的条件下，提出并完成这一个大胆设想，确实表现了德国人理性与浪漫结合的构思，精细而准确的加工和安装。时过几十年后去参观这一雄伟建筑群，仍然感到巨大的视觉冲击力，感觉是真正的"几十年不落后"。

另外，在奥林匹克建筑中，把体育设施与景观相结合，也是一次大胆的尝试。建筑与大自然很好而紧密地联系在一起，使人们成为绿色自然整体的一部分，在生态学上具有重要的示范意义，因此，也有评论认为慕尼黑的奥林匹克中心可称为绿色建筑的奠基之作。我1987年第一次探访时，很为其巧妙构思所折服，但在电视塔上俯瞰时，发现屋顶的丙烯塑料板有些老化或因其他原因已经不透明了，白色的斑驳点在屋顶上很不美观。但2001年再去参观时就发觉屋顶已完全改观了，估计是把屋顶材料更换过了（图4、图5）。

建筑师G.贝尼施1922年出生于德累斯顿的罗克维茨，1947~1951年在斯图加特

图4　体育中心鸟瞰（1987年摄，可看见老化的屋顶材料）

图5　体育中心鸟瞰（2001年摄，屋顶材料已更新）

图6　奥运村鸟瞰

理工大学就读，1952年在斯图加特市开设设计事务所，1975年任达姆施塔德理工大学教授。事务所开设后主要从事学校建筑的设计，除慕尼黑的奥林匹克中心外，他还在1981~1992年间设计了波恩德国联邦议会大厅，正方形的平面加上玻璃与钢材的精致细部是其主要特征。然而以1987年斯图加特大学太阳能研究所的设计为转折，贝尼施的设计风格有了很大转变，包括此后的法兰克福邮政博物馆（1990年）、福雅巴赫车站（1991年）、法兰克福盖休维斯特小学（1994年）、德累斯顿的圣·贝恩诺天主教中学（1996年）、斯图加特州立交换银行（1997年）等作品，通过玻璃和金属的倾斜、断裂、扭转、拼接及大胆的色彩，表现出强烈的解构主义的风格。尤其是1997年在留贝克建成的LVA州立保险公司，它是继体育中心之后另一个大工程，近五万平方米的6栋建筑以公共走廊为中心，向四面八方扩散开来。有评论认为："虽然那时贝尼施已经70多岁了，但仍给人以十分年轻的印象。"所以，贝尼施在德国建筑界还是很有影响力的人物。

慕尼黑奥运会在当时是奥运会史上规模最大、耗资最多的一次奥运会，可以看出联邦政府、州政府和联邦德国奥委会为举办一次成功的奥运会而做出的极大努力。当时参加国家达到了121个，远远超过1968年墨西哥奥运会的112个。参赛运动员达7 147人，超过了墨西哥奥运会的6 123人。奥运会的总支出为5.56亿马克。通过奥运会的举办提升了慕尼黑的城市知名度，也通过体育中心的建设显示了国家的科学和技术成就。慕尼黑市长助理曾说："因为奥运会建设，我们用了5年的时间完成了20年的工作。"但是人们也绝没有想到，奥运会开幕以后，一场危机也正在逐渐逼近奥运会和奥运村。

奥运村在体育中心的北面，占地50公顷，距体育中心700米左右，这在奥运宣传上可说是一个亮点，但在实际操作中意义并不大。因为奥运期间所有的运动员都需要专用班车送至比赛地点，而不会让运动员个人自由地走到体育场馆去。男选手奥运村为1室半到4室半的公寓式住宅，层数由4~13层不等。其地下部分全部架空作为停车场，在地上形成了步行的庭院。男选手村共准备了2995个单元，可住11715人，其中大多数是每单元住5~7人的户型。女选手奥运村为2层的公寓，共准备了1727个单元，可住1772人，基本是一人一室的户型。奥运村8月2日开村，9月18日结束，高峰日（8月30日）入住人数达10562人，在奥运会闭幕那天，奥运村里还有5253人（图6）。

9月5日奥运村里入住了9 117人，这天凌晨发生了全世界震惊的悲惨事件。6名巴勒斯坦"黑九月"组织的成员和2名内应潜入了奥运村以色列运动员的驻地，绑架了9名运动员和2名工作人员（其中2人当场被打死）。绑架者提出释放关押在以色列监狱里的256名巴勒斯坦人作为交换以色列运动员的最后通牒。他们提出在3个小时内如要求得不到满足，将每隔一小时就处决一名人质，这为国际社会做出政治决定只留下极有限的时间。于是在慕尼黑、波恩、特拉维夫、开罗等可以提出相应解决办法的关键城市之间进行了紧急磋商，德国政府力求尽一切努力避免流血，阿拉伯国家也建议把人质和绑架者送到开罗。但以色列总理梅厄夫人态度十分强硬，表示不会释放任何一名在押的政治犯。德国联邦总理勃兰特得知以后非常失望，但他也决定不向绑架者让步。在谈判过程中，国际奥委会的埃及委员图尼作为联系人曾在组委会授权下提出保证绑架者安全离开德国，只要能使人质获释，出多少钱都可以的建议，但这一建议遭到绑架者拒绝，但他们同意把时间限制适当延长。警察当局也考虑过在村内强攻的方案，但这样一来危险更大，后来决定把人质和绑架者用直升机接到布鲁克机场，然后由特种部队伺机加以解决。但这一方案也未获得成功，6日凌晨的解救行动造成了全部人质的丧生。

　　原来在这次奥运会后就准备退休的国际奥委会主席布伦戴奇在事件发生后就一

图7　奥运村内纪念人质事件死难者纪念碑（左）

图8 运动会后的低层奥运村建筑

直出现在奥运村现场，但对奥委会执委会的其他成员多次要求尽快召集紧急会议的要求置之不理。一贯有着家长制作风的布伦戴奇试图独自处理这一事件，这让继任国际奥委会主席的爱尔兰人基拉宁勋爵和其他执委会成员十分恼火，再加上后来布伦戴奇又发表了对非洲国家很不得体的讲话，并为此做出公开道歉，使布伦戴奇在奥委会主席的任职画上了一个不太圆满的句号。这是奥林匹克运动的一次重大危机，但执委会再次开会决定奥运会要继续下去，执委会声明："为了体育，也仅仅为了体育，奥运会将继续进行下去。所有的正式招待会都将取消，所有的仪式都将尽量简化。"于是在停赛一天之后会期延长一天。但以色列运动员和一些阿拉伯国家的运动员都提前离开了。

今天的奥运村已经和当时完全不同了，女运动员住宿的低层公寓已经变成大学生宿舍，墙壁上到处是鲜艳的色块和涂鸦画作，有人甚至把通向二楼的楼梯拆掉，改成从墙上探出的几块踏板，似乎只有掌握"轻功"的人才能上去。男运动员居住的高层公寓也变成了居民住宅，呈现一派平和的气氛，只有当年事件的发生地所立的一块遇难者纪念碑及上面的鲜花在向人们提示着在奥运会历史上曾发生过的惨剧（图7~图9）。

图9　奥运村内景

　　当然人们也不是那么容易忘记这件惨案。2000年瑞士导演麦克唐纳的黑白纪录片《九月的某一天》采用了许多当时的影像资料，包括对若干当事人甚至唯一生还的恐怖分子的采访，影片获得了2000年奥斯卡最佳纪录片奖。好莱坞名导演史蒂文·斯皮尔伯格在2005年完成了影片《慕尼黑》，为执导这一敏感的题材他筹备了5年时间，把这一事件进一步演绎为以色列特工为复仇而追杀的故事。斯皮尔伯格本人有犹太血统，影片拍摄时又处于中东和平进程的重要时刻，因此制作者也十分小心谨慎，据说公映之前还请当时的美国总统克林顿看过，并把影片的名称由原来的《复仇》改成了比较中性的《慕尼黑》。

　　奥运会给慕尼黑留下的遗产充满活力，每年这儿的各种活动超过了300场，年游客量超过1 000万人，其每年的运营费用约1 000万欧元，大部分由国家拨款支持。此后慕尼黑体育之城的步伐并未就此止步，拜仁慕尼黑队在1972年以后曾14次获得联赛冠军，7次获德国超级杯冠军。34年之后，德国主办2006年世界杯足球赛，慕尼黑又重新吸引了世界的目光，因为在世界杯比赛的12个场地中，慕尼黑新建的安联体育场是最引人注目的。2001年7月慕尼黑市议会宣布将在城北修建一个新的体育场供足球比赛之用，因为原来的奥林匹克体育场是个田径、足球共用场，而不是足球比赛专用场。10月21日的市民投票中，有65.8%的市民投票支持新体育场的建设，建设资金由"拜仁慕尼黑"和"慕尼黑1860"两个足球俱乐部共同负担。2002年2月8日选定方案，当时进入最后竞争的是瑞士赫尔佐格与德梅隆事务所（后来他们设计了2008年北京奥运会的主体育场"鸟巢"）和德国GMP事务所的方案。由于前者的方案所具有的现代感而被选中，这是一个椭圆形的由2874个菱形

结构形成的半透明膜结构覆盖起来的新型结构，有5.9万个座位，可容纳6.6万人，总耗资2.8亿欧元。工程于2002年10月由拜仁慕尼黑俱乐部主席贝肯鲍尔奠基，2005年4月完工。整个工程体现了德国业主在方案选择上的精细和理性，尤其给人印象深刻的是体育场的夜景，体育场有2.4万平米的整体膜面通过灯光陆续显现出红、蓝、白的颜色，而这正是两个俱乐部和德国国家队的代表颜色。安联保险公司为购买这座体育场的冠名权，每年要支付600万欧元，但安联体育场也和34年前的奥林匹克体育中心一样，为慕尼黑的体育之城增添了光彩的一笔（图10）。

图10　安联体育场夜景

三

　　慕尼黑还是一个文化之都、艺术之都，早在19世纪时慕尼黑就与巴黎、维也纳并称为欧洲三大文化中心。慕尼黑是博物馆城，有近50个博物馆、美术馆、陈列馆（在1972年奥运会时为23个），前面提过的路德维希一世十分热衷于希腊和罗马艺术品的收藏，这些收藏也成了后来慕尼黑文物收藏馆和雕刻收藏馆的核心藏品。国立巴伐利亚绘画陈列馆由几个陈列馆组成，其中老馆建于1894~1899年，但毁于二

战并于1957年重建，专门收藏中世纪到18世纪晚期的欧洲绘画，尤其是收藏佛兰德画家鲁本斯（1577~1640年）的作品最为著名，他把佛兰德风格传统和文艺复兴的传统结合在一起，对欧洲绘画有很大的影响。新馆建于1933~1937年，以收藏18~20世纪的欧洲绘画和19~20世纪的雕刻而著称，包括了印象派、新艺术派和象征主义的作品。另外还有沙克藏画陈列馆，主要是沙克伯爵捐赠的19世纪德国晚期浪漫主义绘画。在伊萨尔河畔的博物馆岛上有著名的德意志博物馆，建于1903~1925年，是德国甚至世界上最大的自然科学和技术博物馆，全馆分7层，33个展厅，参观路线总长16千米，被人称为"科技迷宫"。里面展示了从矿物、汽车、飞机、航空等几乎和所有的科技有关的内容，许多展品都可以演示或操作，其中的矿山展厅位于地下30多米，有如身临其境。

此外，慕尼黑还有众多不同名目的博物馆，如皇宫博物馆、城市博物馆、玩具博物馆、啤酒博物馆、矿物博物馆、犹太博物馆、戏剧博物馆、巴伐利亚电影博物馆、埃及艺术博物馆，等等（图11、图12）。

慕尼黑还是音乐之城。路德维希二世喜欢歌剧和戏剧，尤其崇拜作曲家瓦格纳（1813~1883年），并成为他的保护人。瓦格纳在浪漫主义音乐时代是个极具争议

图11 慕尼黑古物收藏馆外景

的多重性格人物，一方面人们认为他反犹、不道德、傲慢自大；一方面又认为他是有出众天才的作曲家，他在音乐创作中对旋律尤其重视，并改变了歌剧的命运。1864年因被人们摈弃而十分沮丧的瓦格纳被18岁的刚刚登基的国王路德维希二世邀请到了慕尼黑，以完成4部神话歌剧《尼伯龙根的指环》的后2部分，这部歌剧前后创作了20多年。路德维希二世对瓦格纳礼遇有加，甚至专门为瓦格纳在拜罗伊特建造了一座剧院（1874年建成）。《尼伯龙根的指环》在1876年首演，并被誉为"西方文化的最高成就"。瓦格纳也说："在我高贵朋友的保护下，我再未感受到那种每日生存之艰辛。"他的最后一部剧作《帕西法尔》于1882年首演，次年作曲家死于威尼斯。1876年瓦格纳还发起了拜罗特伊歌剧节，每月7—8月间，世界知名的歌唱家都来到在这世界知名的音乐节上一展歌喉。此外，慕尼黑也吸引了一批国际知名的指挥家，如美国指挥家詹姆斯·莱温曾是慕尼黑交响乐团的首席指挥，印度指挥家祖宾·梅塔也曾在巴伐利亚州立歌剧团执捧。

　　除歌剧节外，慕尼黑的啤酒节也是世界闻名的，被誉为世界上最大的民俗节日。它虽始于每一年的5月份，但在9月末10月初达到高潮，一是因为10月是大麦

图13　慕尼黑啤酒节

和啤酒花丰收的季节，二是因为，巴伐利亚的王储路德维希亲王与特蕾莎公主喜结连理的时间也是在10月份，这个传统使人们意犹未尽，每年延续下来。时至今日，两周的节日可以吸引世界各地600万~700万的游客，人们狂欢、游乐、观看表演、品尝美食、优哉游哉，好不惬意。我们访问慕尼黑时虽然没赶上热闹的啤酒节，但也到啤酒屋去体验过他们的豪饮，德国人人均消耗啤酒230升，每个餐桌上都有一个木制的啤酒桶。除了啤酒以外还可以品尝特制的白香肠，其长度都在1米以上，再加上前方小舞台上有身着巴伐利亚民族服装的男女演员为顾客表演精彩的巴伐利亚民间歌舞，真是别有一番情趣（图13）。

　　除了啤酒节以及前面提到的音乐节、文化节外，类似的狂欢节日在我们3月份的一次访问中也曾遇到过。那是在慕尼黑最著名的市中心步行街上，步行街的一端是建于14世纪的卡尔斯门，门前是一个建于1972年的巨大施特劳斯喷泉。慕尼黑还是个喷泉之城，据称全城有700多座喷泉，其中最古老的建于1611~1614年。进入步行街后，除一些商店和百货公司外，可以观赏到慕尼黑最具有标志性的传统建筑。步行街的视觉中心应该是位于步行街转弯处的玛丽亚广场，在广场一侧就是85米高的新市政厅及塔楼，塔楼上有两组定时表演的木偶人像，上面一层有12个1.4米高的人像，表现了1568年威廉五世公爵和洛特林公主结婚的场面，下面一层表现了1517年消除黑死病的箍桶匠在跳舞。市政厅对面是建于1638年的圣玛利亚石柱，柱顶是金色的圣母像，她是慕尼黑的守护神。广场的东面是老市政厅（1470~1474年），现在这个哥特式建筑的一部分已经成为玩具博物馆。步行街上另一座引人注目的建筑就是有两个绿色圆顶的圣母教堂，从步行街上要经过一段胡同才能望见，

图14 步行街上的卡尔斯门

却是慕尼黑最著名的标志。它始建于15世纪,最早
是哥特式样,但一直没有完工,等又过了50年要竣工
时,那时的建筑风格已经改变了,其罗曼风格的洋葱
形屋顶和下部的风格很不协调,但后来这种样式却成
了许多巴伐利亚教堂的典范。此外,还有圣彼得教堂
(1181年),步行街另一端是伊萨尔门(始建于1314
年,并在1835年修复)。在狂欢节期间,步行街上有
各色各样的演出和摊贩市场,除演员和摊贩都装扮着
各种节日盛装外,所有游客也一反德国人刻板、正经
的举止,男女老少都身着各色怪异的装束,或套上彩
色的假发,或戴上恐惧可怕的假面,最简单的也要在
面孔上饰一个红鼻头或大眼镜,人们走在步行街上,
相视而笑,其乐融融(图14~图21)。

图15 玛丽亚广场的新市政厅
图16 玛丽亚广场的老市政厅

图17　圣母教堂
图18　步行街的伊萨尔门
图19　玛丽亚广场上的游人

图18
图17　图19

图20
图21　图22

图20　狂欢节时的人们（一）
图21　狂欢节时的人们（二）
图22　英国花园中的中国塔

图23　宁芬堡宫

　　市中心区的东北部还有个著名的英国公园，建于1785年，那里有一栋号称中国木塔的建筑。这是一个木构的五重塔，据说是仿照苏州园林的，始建于1790年，后毁于战火，于1952年重建。对西方人来说，这也算是异国风情了。可惜一直没有机会去参观。除英国公园外，慕尼黑后来还建有占地700平方米的中国园林——芳华园。城西北还有一个避暑行宫——宁芬堡宫，是巴伐利亚历代选帝侯的夏宫，表现了后期巴洛克的建筑风格，始建于1664年，里面法国风格的庭院是仿照路易十四的凡尔赛宫而建（图22、图23）。

四

　　慕尼黑还是一个经济之城，巴伐利亚和相邻的巴登-符腾堡是德国经济最繁荣的地区，因此慕尼黑也常被称为"德国的秘密首都"、"经济首都"。德国《商报》评论说："这座城市现在已发展成德国最富有成就力的大都会……德国最有吸引力的生物技术企业、大多数信息技术公司、大多数保险公司、大多数风险资本公司、大多数出版社和各类媒体企业的总部都坐落在慕尼黑。"波士顿咨询集团的一个研究报告认为："就高技术生产地而言，慕尼黑仅次于硅谷、波士顿和特拉维夫；就生物技术领域而言，只有波士顿、加利福尼亚的海湾地区和英国的剑桥比慕尼黑更有吸引力；世界上只有纽约的出版商多于慕尼黑。"

1972年的奥运会为慕尼黑带来了国际声望和丰厚遗产。在奥林匹克体育中心的东面是宝马汽车公司的总部，由4个圆柱体组成的办公楼和碗状的3层博物馆在周围低矮的建筑中十分醒目，这也是在1972年完工的。我几次路过都没能进入博物馆参观，只能在玻璃门外向内张望一下，据说在一层大厅中布置有"007"电影中詹姆斯·邦德的座驾。今年宝马汽车公司又有动作，在奥运村的东南端的道路转角处（原来的宝马停车库处）新建了"宝马世界"，这是参观宝马汽车公司技术和产品的另一个多功能科技橱窗。总建筑面积7.3万平方米，由维也纳的蓝天组合设计。主设计师沃尔夫·普锐科斯是蓝天组合的创始成员，他用5个功能区来满足新车交付中心、技术与设计工作室、休闲餐饮、展厅、办公、礼堂等内容，尤其注意了与一街之隔的宝马总部的呼应和联系。除了转角处扭转的圆锥与宝马博物馆的碗状展厅呼应外，二者之间用连廊连接起来，同时在"宝马世界"内部的大楼梯和玻璃外墙上，可以清楚地看到宝马总部的圆柱体大楼和奥林匹克体育中心。宝马世界已于2007年10月建成使用（图24、图25）。

成立于1847年的西门子公司总部原设于柏林，战后搬迁到慕尼黑，它的客户和配件供应商也一同前来，这个世界上有数的电气和电子公司的到来为此后信息技术行业的发展打下了基础。

自德国政府1993年修改了基因技术法，允许生物技术商业化后，1997年在巴伐利亚州成立的生物技术公司（BioM公司）是欧洲和德国最具吸引力的生物技术基地之一，其临床开发的产品数量居德国的领先地位。在纳米技术的争夺中，巴伐利亚的纳米技术在德国名列前茅。据统计2005年巴伐利亚纳米生物产品的产值约为10亿欧元，慕尼黑的纳米技术中心（CeNC）周围有一大批纳米公司。在纳米技术2003年公布的统计中，德国名列美国、日本之后排第三位，但纳米专利的登记中却仅次于美国，名列第二。这些高新技术产业大多落户在慕尼黑市郊区，促进了城市的扩展。

图24　宝马公司总部及博物馆鸟瞰

图25　宝马世界

金融产业同样是 慕尼黑的另一个增长点，市长雄心勃勃声称要胜过法兰克福，使这里成为德国最重要的金融中心。德国两家最大的保险公司总部设在慕尼黑，德国第二大银行——联合抵押银行的总部也在这里，安联保险公司也准备把它的一些业务领域由法兰克福转移到慕尼黑。

自战后重建和1972年奥运会后，慕尼黑也逐步完善了它的城市基础设施：500千米长的城市快速铁路把市区和郊区连接在一起，慕尼黑中央车站是德国最大的火车站，位于市中心，共有36个站台。慕尼黑的地铁由1965年起开始修建，有74千米长，共计77个车站（1977年统计），奥林匹克体育中心就有地铁专线可以到达。为了把慕尼黑建设成为继法兰克福之后德国的另一个枢纽机场，同时应付国内外旅游和社会经济发展的需求，慕尼黑机场也进行了扩建，新的航站楼由美籍德裔建筑师赫尔穆特·杨设计，机场流程简洁，空间适宜，不追求高大气派，更多地注重方便，同时争取年旅客吞吐量达到2 000万人次。德国原来还计划从慕尼黑火车站至机场修建一条磁悬浮列车项目，全长37千米，线路开通后将使原40分钟的行程缩减至10分钟，项目原预计为18.5亿欧元，但承建方称需34亿欧元。尽管西门子公司的首席执行官称"磁浮技术是德国科技的'信号灯'，我们把它视为德国最主要的出口技术之一"，但由于费用远远超出预计，58%的公众认为项目太超前，39%的公众认为没必要，德国运输部在2008年3月27日决定放弃这一备受争议的项目（图26~图28）。

图26 慕尼黑中央车站

图27　慕尼黑地铁
图28　慕尼黑机场

当年路德维希一世曾经放言："未睹慕尼黑者，不识德国也。"现在看来，对我们这些匆匆游客来说，深入了解慕尼黑对我们进一步理解巴伐利亚、理解德国都是大有益处的。

原载《魅力五环城》，天津大学出版社，2009年版

11 克里姆林和红场

到俄罗斯必游莫斯科，而到莫斯科必游克里姆林宫和红场。俄罗斯早逝的诗人莱蒙托夫曾写过：

有什么能同克里姆林宫相比呢？

那层叠起伏的高墙，

那金碧辉煌的教堂。

他矗立在高山之上，

仿佛威严君主头顶的

充满权力的皇冠一样。

克里姆林蜿蜒绵亘的城墙、

幽暗的甬道、

流光溢彩的殿堂，

这一切都无法用笔描述。

亲自去看，去看吧！

让他们自己，

把所有的感觉

告诉你的心灵和想象！

莫斯科克里姆林宫是俄罗斯国家的象征，政治生活的中心，当年的沙皇（1712年后彼得大帝由此迁往圣彼得堡），前苏联时代的苏联共产党总书记，今天俄罗斯

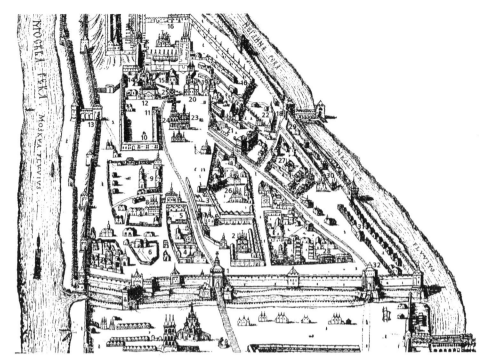

图1　17世纪的克里姆林宫和红场（下方为今红场，左侧为莫科斯河）

联邦的总统，都在这儿办公和举行国事活动。这里也是俄罗斯悠久历史的见证，虽然经过多次被毁、重建，但它始终是俄罗斯民族的精神圣地。在俄文中克里姆林有"内城"之意，现在许多俄罗斯古城的市中心都有叫克里姆林的内城，一般都是由城墙、钟楼、教堂等建筑群占据控制高点，形成易守难攻的要塞。

　　莫斯科的克里姆林宫最早见于1147年修道院编年史的文献中，尤里·多尔戈鲁基大公为莫斯科奠基，800年后的1947年为大公在特维尔斯基广场建造了挥手骑马的青铜雕像。1156年大公建造了第一批城堡工事，就是克里姆林宫，它本是由两条河流之间的三角形地段组成，现在莫斯科河依然存在，但另一条涅格林纳河后来被叶卡捷琳娜二世下令改为地下管道，据说还可作为秘密通道之用。宫城经过两次主要的扩建，一次是在这里成为东正教教会中心后，1367年扩建了石墙和塔楼，另一次是合并了诺夫哥罗德，莫斯科成为俄罗斯无可争辩的中心之后，伊凡三世修建了现在的城墙，并聘请了意大利建筑师修建了宫内的教堂，前后用了10年的时间于1495年完成。

　　莫斯科也经历了蒙古、波兰军队的多次战争，发生过火灾，遭遇了1812年法

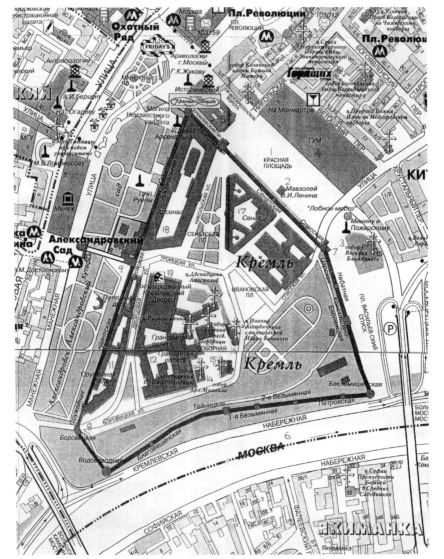

图2　克里姆林宫总平面

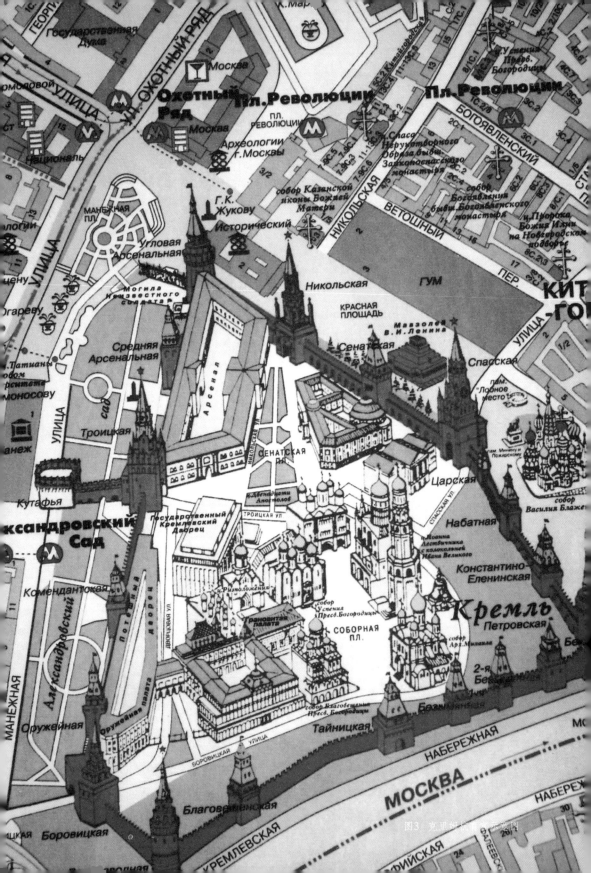

图3　克里姆林宫平面示意图

国拿破仑的占领，但仍然在不断发展，城市人口和规模都在扩大。1917年十月革命成功以后，一些士官生还曾在克里姆林宫里坚持了一周，1918年3月列宁和苏维埃政府迁到莫斯科以后，列宁曾提出三个办公地点供选择，斯维尔德洛夫最后选中了克里姆林宫。于是人们的注意力从圣彼得堡又转回了这里。

克里姆林宫占地27.5公顷，周围用8~19米高的红砖墙围合起来，城墙总长2 235米，上面有巡逻通道，并有1 045个供守卫用的垛口，5座大门，19座塔楼。面对红场的斯巴斯基塔是人们从照片中常看到的一座钟楼，这是1491年在意大利建筑师彼得洛·索拉里领导下完成的表现哥特式和文艺复兴式相间风格的建筑，1624~1625年对钟楼又进行了添建，大钟直径6.12米。此后钟声即作为全国的报时信号。现在这幢钟楼的入口是作为国家领导人和贵宾的公务入口。关于钟楼民间还有一个传说：讲这个大门时一定不能戴帽子，否则就要交恶运。而当年拿破仑攻进莫斯科时就是戴着三角帽从这里进入克里姆林宫，所以落得了大败而逃的下场。除斯巴斯基塔外，可进入克里姆林宫的入口在红场东北方向还有一个（尼柯尔斯基塔），沿南面莫斯科河方向一个（塔尼茨基塔，但不开），沿西面亚历山大洛夫花园有两个（波洛维茨基塔和特洛伊茨基塔），凡城墙转角处的塔楼都是圆形的，这些塔楼的尖顶上有五座饰有闪闪的红星。

克里姆林宫从1955年起开始对外开放，现在的游览路线是从西面的入口进入，宫内西南部分的教堂和宫殿群对外开放，而东北和北面的建筑是总统府和联邦议会大厦，有明显的标志表明禁止进入的范围。总统府建于1776~1787年，原为参议院之用，后来是原苏联部长会议所在，建筑师为姆·卡扎科夫，俄罗斯古典风格，基本是等腰三角形平面，在长边处设主要入口，有三个内院，一个五角形、两个三角形,其顶角处的大圆厅与红场上的列宁墓在同一轴线上，园厅直径24.6米,高27米，屋顶上升有总统旗帜。列宁生前就住在这栋建筑里的三层。

从波洛维茨基大门进入宫内，道路左侧首先看到的是兵器馆和大克里姆林宫。兵器馆原是保管兵器的仓库，现在的建筑物是1844~1851年间由建筑师卡·托恩等设计的，随即成为俄罗斯第一个博物馆，主要收藏俄国沙皇的大量珍宝和战利品以及外国赠送的礼品。与之相连的大克里姆林宫是由同一位建筑师在1838~1850年间设计的，建筑物两层高44米，面向莫斯科河，正面长约120米，宫内有近700个房间

图4 克里姆林宫墙和斯巴斯基塔
图5 俄罗斯总统府

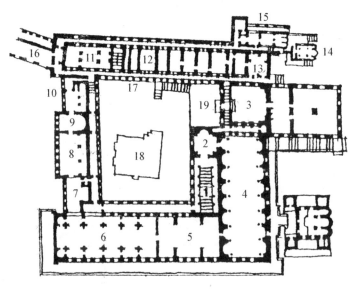

3. 弗拉基米尔厅　4. 格奥尔基厅
5. 安德烈耶夫厅　6. 叶卡捷琳娜厅

图6　兵器馆
图7　大克里姆林宫平面

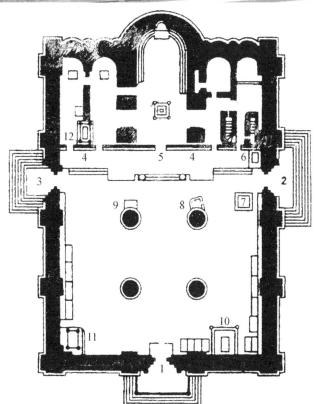

图8　圣母升天教堂
图9　圣母升天教堂平面

图10　圣母升天大教堂内景

和厅，二层为主要的礼仪大厅，以革命前的俄罗斯勋章的名字命名，如格奥尔基厅，弗拉基米尔厅，安德烈耶夫厅，叶卡捷琳娜厅等，其中最壮观的是格奥尔基厅，长61米，宽20.5米，高17.5米。最早这里居住着沙皇罗曼诺夫一家，革命以后曾作为前苏联最高苏维埃开会的场所，现在仍然是国家领导人会见各界政要的主要场所，所以并不对外开放。

　　沿着大克里姆林宫前行，就来到了著名的大教堂广场。过去每逢宗教节庆日或沙皇加冕的时候，在这里要举行盛大的庆祝游行，沙皇也在这里接见使节。它是由几座教堂和宫殿围合起来的不规则形状，广场正面是乌斯平斯基教堂（圣母升天教堂），1475~1479年建造，由意大利建筑师阿·费奥拉万蒂设计，是意大利-拜占庭式风格。屋顶上有五个金色圆顶，外墙是白色石材。自伊凡三世以后的沙皇加冕都在此进行，同时这里还安葬着俄罗斯东正教的都主教和大主教。建筑室内大小为35米×25米，最高处高约40米，顶部及墙壁上有大量的圣像，东侧面西的木雕座椅是号称伊凡雷帝的伊凡四世的座位，他也是俄国第一位沙皇（1547年）。室内的吊灯系用拿破仑入侵时抢掠而战败后又来不及运走的金银制成。教堂广场的入口左右各有一座教堂，左面是布拉格维申斯基教堂（报喜大教堂），建于1484~1489年，

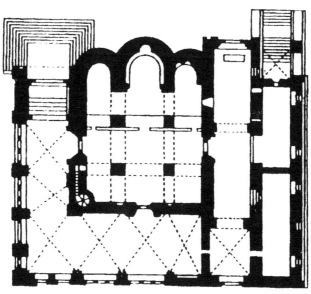

图11 报喜大教堂
图12 报喜大教堂平面

图13　报喜大教堂内景

这里原是大公和沙皇的私人教堂，伊凡三世挑选了俄国普斯科大的工匠来建造，虽在1547年被烧，但1562~1564年又重建，最初只有3个圆顶，经不断扩建最后有了9个圆顶，并在伊凡四世时把圆顶和屋顶都镀成金色。这里长期作为沙皇的日常宗教活动的场所，皇室成员的婚礼和洗礼也在这里举行，教堂内的一面圣像墙是15世纪一些著名圣像画家的珍品。广场右侧是阿尔汉戈尔斯基教堂（天使长大教堂），1505~1508年由意大利建筑师阿列维兹·诺维设计，本是供奉军队的保护神米哈依和阿尔汉戈尔的，在迁都圣彼得堡之前这里成了历代沙皇和贵族的陵寝，共有54副棺椁安放在这里，而他们的画像就挂在棺椁上方。

　　广场的东侧，是宫中最高的建筑物伊凡大帝钟塔，这几乎也是克里姆林宫的中心位置。钟塔最早建于1505~1508年，建筑师为彼恩·福良津，此后几次扩建用做守卫或报警。1599~1600年沙皇鲍里斯·戈都诺夫命令扩建，将钟塔由60米增加到81米，塔下部直径约16米，墙厚5米，第二层减至2.5米，塔上部直径为5.2~5.5米。后毁于1812年拿破仑入侵时，又于1814~1815年修复。现钟楼内有21口大钟，其中最重的达70吨。钟塔东面就是著名的炮王（造于1586年，直径890毫米，重40吨）和钟王（铸于1733~1735年，高6米，重200吨），但都没有任何使用价值，仅可供游客观赏留影。三个教堂和钟塔都是俄罗斯早期建筑的代表作。

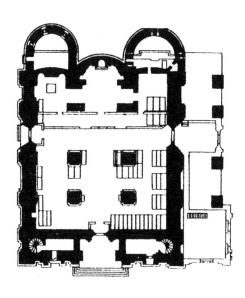

图14
图15 图16

图14　由钟塔望天使长大教堂
图15　天使长大教堂平面
图16　伊凡大帝钟塔

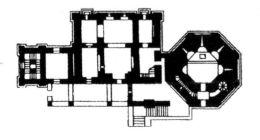

图17 钟王
图18 炮王
图19 伊凡大帝钟塔平面

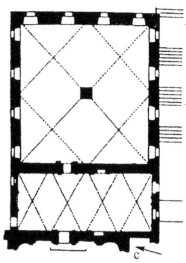

图20 | 图21
图22

图20 捷列姆宫屋顶
图21 格拉维诺宫平面
图22 圣三一塔和克里姆林大会堂

图23　重建的喀山圣母教堂
图24　军械库

广场西面还有一些建于各时期的宫殿，如格拉诺维特宫，1487～1491年由马克·福良津和彼得洛·索拉里设计，西部与大克里姆林宫的弗拉基米尔大厅相通，一般用于沙皇接见外国使团和举办重大仪式。其外墙面二层以上全部为棱角分明的立体白色花岗石材，又称多棱宫。再西面是建于1635～1636年的捷列姆宫，建筑师为布·奥古佐夫等四人，这座五层建筑无论建筑立面，还是色彩、雕刻、壁画等都十分丰富多样，再加上相邻的家用小教堂上的11个金顶，形成了克里姆林宫内十分丰富的风景。

在特洛伊斯基塔（又称圣三一塔）的出口处，右面是建于1702～1736年的军械库，这座黄色的二层建筑由建筑师姆·乔格洛可夫等人设计，外墙下陈列了从拿破仑部队缴获的大炮。而出口左侧是完全现代风格的克里姆林大会堂，这是在1959～1961年赫鲁晓夫主政时不顾许多苏联建筑师的强烈反对而建的，由建筑师姆·波索欣等人设计，苏共二十二大即在这里召开。建筑物呈长方形，120米×70米，高29米，地下部分深15米，观众厅共5796座，除集会外还可供庆典、音乐会、歌剧和芭蕾舞演出，拥有一系列的现代化设备。这是克里姆林宫里唯一一座在原苏联时期建造的建筑，在克里姆林宫的建筑群中显得十分"另类"。其实早在列宁时期，就曾拆除了克里姆林宫内沙皇及其大臣们的纪念碑，但为了争取外国贷款，取得各国的承认和支持，列宁也曾下令对克里姆林宫的塔楼进行修复，并有意识地保留了沙皇时代的双头鹰图案。列宁逝世后，随着莫斯科改造的总体规划以及红场列宁墓的修建和红场扩建，1930年拆除了红场上的喀山圣母教堂、特维尔门，1931年将米宁和波扎尔斯基纪念碑从红场百货公司前搬到了华西里·柏拉仁诺教堂前面，1931年拆除莫斯科河畔的救世主教堂，那里先是被辟为第三国际的书记处，以后又准备建苏维埃宫，为此举办了多次设计竞赛。原苏联解体前后，又恢复重建了许多历史和宗教建筑，如救世主教堂（1990年重建），喀山圣母教堂（1993年重建），特维尔门（1995年重建）等。

克里姆林宫墙西侧是长满菩提树的亚历山大洛夫花园，1820～1823年间由建筑师鲍维设计。花园的北端有著名的无名战士墓，这是1967年为纪念在卫国战争中牺牲的士兵而建的，建筑师为布尔金，克利莫夫，拉巴也夫，雕塑家托姆斯基。在墓前的五角星上燃烧着永不熄灭的圣火，花岗石上镌刻着："虽然你的名字不为人

图25　无名战士墓
图26　无名战士墓前的青少年

图27　国家历史博物馆

知，但你的功勋永垂青史。"墓的一侧是十二个卫国战争英雄城市的石碑，包括列宁格勒、基辅、明斯克、斯大林格勒、敖德萨、塞瓦斯托波尔等。除各国政要来访时多来此致敬外，无名烈士墓也是俄罗斯青年的婚礼、毕业典礼等必到的地方。

　　花园的北端就是红场的北入口，这里是深红色的国家历史博物馆，由建筑师歇尔布特和波波夫在1874~1883年设计，开馆时在11个大厅展出俄罗斯从石器时代到当代的全部历史，其藏品超过400万件。1986年开始重修并于1997年重新开放。博物馆北门外有前苏联元帅朱可夫的骑马雕像。

　　在我们的记忆中十分著名的红场其实面积并不大，其广场面积约为3.5公顷，其长轴与克里姆林宫墙平行，由西北至东南，由北端博物馆到南端大教堂间的距离为340米，其宽度由百货公司到宫墙间为130米，到列宁墓为100米。还有一种计算方法认为红场面积为7.3公顷，广场长度为695米，这大概把广场面积一直算到南端的莫斯科河了。红场地区是莫斯科最古老的广场，最早是护卫克里姆林宫的一条壕沟，在15世纪被填平而变成了商人云集的交易市场，为此经常引发火灾。这一地区常根据词意称为中国城（китай город）际上这是一处误译，虽然

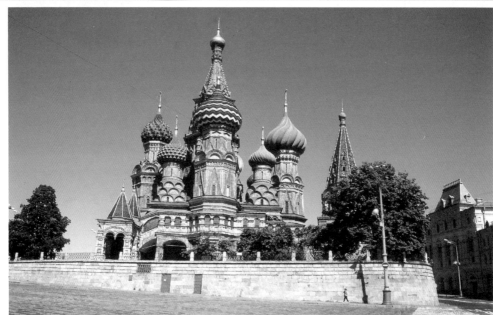

图28 红场全景

图29 华西里·柏拉仁诺教堂

китай是中国之意，但这儿的名字却是源于16世纪的俄语китай一词，或意大利语CITTA一词，意指在石墙建造以前用于城堡的嵌条，和中国毫无关系，因此有的书里就音译为基塔城。

17世纪以后这里逐渐整理得比较像样，红场的名称也流传下来，1892年安装了电灯，1910年通电车。红场周围的古建筑中最著名的就要数东南角的华西里·柏拉仁诺大教堂，也是红场上最宏伟、壮丽的建筑，被称为是莫斯科的象征，建筑初创于1555~1561年，建筑师为巴尔玛和波斯尼克。这段时间正是伊凡四世加冕为沙皇的时间。他和鞑靼人作战，攻占了喀山汗国和特拉罕汗国，这个教堂就是为庆祝战争胜利而建，每取得一次胜利，就在教堂上增加一个圆顶，最后共有9个圆顶。在1588年、1622年又增建了较低的教堂，其最高点为60米，是莫斯科城最高的教堂，1929年曾作为国家历史博物馆开放。教堂前面是米宁和鲍扎尔斯基青铜雕像，他们是1612年组织志愿军把莫斯科从波兰人手中解放出来的英雄，于1818年由雕塑家马尔托克完成，这也是莫斯科建立的第一个雕像纪念碑。雕像原置于红场的百货公司前面，苏联时期移到教堂前面。雕像右前方就是著名的断头台或宣谕台。1549年初建，1786年由建筑师卡扎科夫设计成白石饰面。这儿是宣读沙皇的诏书、宣判重犯及行刑的地方，著名的农民起义英雄斯捷潘·拉辛就是1671年在这儿被处死的。

1919年5月1日为纪念拉辛曾在这里建立过纪念碑，列宁还发表过讲话，后来纪念碑被移至革命博物馆。另外，克里姆林宫东墙对面就是国家百货商店，1889~1893年由建筑师波梅兰采夫和舒霍夫设计。这是一个有多层大厅和联系桥的三层商场，内部纵横各三条通道，这也是俄罗斯第一个采用金属结构的建筑。当时这里不仅是俄罗

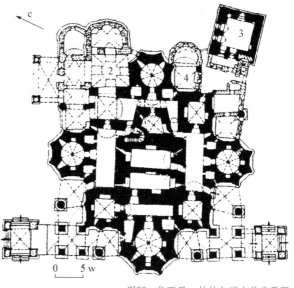

图30 华西里·柏拉仁诺大教堂平面

图31 米宁和鲍扎尔斯雕像

斯，而且也是西欧最大的商店，外立面则是典型的19世纪俄罗斯风格，装饰华丽，左右五段，上下多段处理并有深色尖顶。除1917~1921年、1937~1952年间曾作他用外，一直作为商业用途。

在红场中心部位，就是朴素的列宁墓。简单的体形逐渐向上收小，很像阶梯形的金字塔，黑、灰、红三色石材饰面，长期以来是人们瞻仰和注意的中心。1924年1月21日列宁逝世，建筑师舒舍夫次日就开始设计木制的临时陵墓。在列宁遗体保存问题上，列宁夫人克鲁普斯卡娅是坚决反对的，政治局的托洛茨基，加米涅夫，布哈林也是反对的，坚决要求保存遗体的是斯大林和加里宁，1925年1月苏共中央向全国发出倡议号召建筑师参加列宁墓的设计工作，一等奖1 000卢布，二等奖600卢布，三等奖500卢布，一时响应纷纷，送来了117个设计方案，对于突出列宁高大形象有着各式各样巨型规模的构想，但最后苏共中央仍决定采用舒舍夫的方案。陵墓1929年7月开始建设，于1930年建成，两侧建造了观礼台，内部安放水晶棺的大厅为10米×10米。卫国战争期间的1941~1945年，列宁的遗体被转移到西伯利亚油田中心的秋明。1953年斯大林逝世后遗体也曾放在这里，并于1961年迁出安葬。此外，从1925年起在克里姆林宫墙下修建了一个小型公墓，安葬了

图32 红场上的宣谕台
图33 国家百货商店

图34 国家百货商店内景

图35 列宁墓

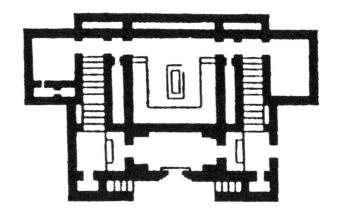

图36　列宁墓平面
图37　列宁墓及宫墙

党政领导人如伏龙芝、斯维尔德洛夫、捷尔任斯基、伏罗希洛夫、勃列日涅夫、加里宁、日丹诺夫，墓区后面的红墙上是苏联著名社会活动家的骨灰安放地，著名人物有：基洛夫、奥尔忠尼启泽、古比雪夫、列宁夫人克鲁普斯卡娅、高尔基、加加林等，国际著名人物蔡特金、李德等也安葬于此。但有一些领导人去世后，并没有放在这里，如赫鲁晓夫、莫洛托夫、布尔加宁、葛罗米柯、卡冈诺维奇、米高扬、波德戈尔内等。前苏联时期，如遇重大节日和庆典活动，领导人都要登上列宁墓上的观礼台发表演讲和检阅军队。苏联解体后，历任领导人就不再使用这一功能，而另外搭建临时的观礼台。

随着我国的开放，到这里旅游的中国人也越来越多，因此红场上的小贩无论是兜售旅游画册、邮票，还是苏联时代的纪念品……都能操一口中国话，老远看见你就高喊："人民币"，而且讨价还价的中文均十分流利，这大概也是红场上从未有过的风景。

俄罗斯有辽阔的田野和森林，有宽阔的伏尔加河，有景色迷人的古城，有浓密的白桦树，然而要想了解俄罗斯的历史，集中体验它的性格和精神，首先还要访问莫斯科的克里姆林宫和红场。

原载《建筑的盛宴—建筑师眼中的欧洲建筑之美》，机械工业出版社，2006年版

248

12 莫斯科河看建筑

许多欧洲国家的首都都和河流有密切关系，像巴黎的塞纳河、伦敦的泰晤士河、布拉格的伏尔塔瓦河、柏林的施普雷河、布达佩斯与布拉迪斯拉发的多瑙河。俄罗斯的首都莫斯科也有一条曲折、蜿蜒的莫斯科河与之相伴，我曾有机会先后两次乘船游河，一次顺流而下，一次逆流而上，这不但是饱览莫城景色的好机会，同时还可以对沿河不同时期的建筑物有所了解。

莫斯科河位于俄罗斯欧洲部分平原的中部，源出于斯摩棱斯克——莫斯科丘陵，属于伏尔加河支流奥卡河的支流，河流从西向东南流经莫斯科后汇入奥卡河。其中经过莫斯科的部分长约80千米，其曲折程度形容为九曲十八湾丝毫不为过。河流原水量不大，后在1938年完成了长128千米的运河，使通航和水量都有改善。乘船游只经过其中的两道湾，但经过了市中心最重要和精华的一些部位，如克里姆林宫，所经过的地段河面一般宽100~250米左右。此外，莫斯科河的中心线还是城区几个区间的分界线。

建筑的风格与形式和政治的背景有极大关联，这一点在俄罗斯也不例外。在俄罗斯现代建筑发展史上，斯大林执政时期（1926~1953年），20世纪二三十年代构成主义和后构成主义曾风行一时，但很快为新古典主义所代替，赫鲁晓夫（1953~1964年），勃列日涅夫（1964~1982年）以至其后的安德罗波夫、契尔年科和戈尔巴乔夫时期（到1991年），其建筑潮流和风格也有所变化，也有称之为苏维埃风格，而叶利钦上台以后至今，建筑创作又有了新的发展。这一分期时间表有助于对两岸建筑物风格和形式的进一步解读。

我将按顺流而下的行程逐一介绍这些建筑。乘船的码头位于莫斯科城区西

图1　基辅车站外景

部的基辅车站，莫斯科共有9个火车站，分别以列车要到达的终点命名，如喀山站、列宁格勒站、里加站、库尔斯克站、雅罗斯拉夫站等，这9个车站除一个以外，其余8个车站都在一条环线地铁上，形成了便利的交通网络。基辅站就是开往乌克兰首都基辅，并可进而通往东、西欧的重要车站。除环线地铁外，还有两条地铁经过这里。基辅车站是建于1912~1917年的尽端式车站，建筑师是列别尔科（1869~1932年），属新古典主义样式，站房高30米，在1945年时曾进行扩建（图1）。

由基辅车站东望是斯摩棱斯克大街和广场，道路的端头就是著名的外交部大楼。这是莫斯科在20世纪50年代建设的7栋高层建筑之一，因为过去传说莫斯科城曾是建于7座山丘之上，同时由于30年代的开发，尤其是许多教堂的拆除，莫斯科被称为"第三个罗马"的风貌已丧失许多，所以在斯大林提出要把莫斯科建成"世界模范首都"的号召下，为了首都的复兴，同时也创造出新的城市轮廓线而设计了这些高层建筑，并因其古典主义的风格被人或称为"结婚蛋糕"。外交部大楼建于1948~1953年，建筑师是盖尔弗列赫（1885~1967年）等人，由高层部和

图2　外交部大楼和楼前的旅馆

适应道路形状的多层裙房组成，主楼27层，高171米。据说外交部原设计方案并没有上面的尖塔，但一次斯大林来工地现场视察时就问，尖塔在哪里？然后就在图纸上画了一个尖塔，此后即照此建成今天的外交部。外交部前广场的左右在20世纪70年代分别建成了贝尔格莱德旅馆和金环旅馆，对称的格局也很好地烘托了外交部的主楼（图2）。

　　在游船码头，透过保罗金诺大桥向北望去时，还可以看到两栋有名的建筑物。左面一栋是白色大理石建筑就是被称为"白宫"的原议会大厦，现为俄联邦政府大楼。原议会大厦建于1981年，建筑师切丘林（1901～1981年），由20层的主楼和低层裙房组成。1993年10月，总统叶利钦与议长和副总统政见不合，形成武装对立状态，4日晨叶利钦下令军队包围大厦，以武力强行解散议会，造成142人死亡，744人受伤。炮轰造成建筑多处损伤，后已修复。右面一栋高层建筑是原经互会大楼。大楼位于新阿尔伯特大街（原称加里宁大街）的西端，也是当年表现莫斯科新面貌的重要"形象工程"，建于1963～1970年，建筑师鲍索欣（1910～1989年）等人，由高105米31层的主楼、13层的和平旅馆及1000座的议会厅等建筑组成。经济互助委员会和华沙条约组织是在"冷战"时期分别由东欧8国于1949年和1955年成立，伴

图3 "白宫"（左）与莫斯科市政府（右）

随苏联的解体，经互会各国于1991年6月签订了解散议定书，并于90天后生效。现经互会大楼已改作莫斯科市政府大楼（图3）。

游船南驶后，两岸多是苏联时期建造的多层住宅建筑，格局十分规整，但是其中也见缝插针建了一些新建筑，图4即是由建筑师波可夫建于1993～1996年的办公建筑，外墙采用了大片玻璃幕墙，与周围老建筑形成了明显的对比（图4）。

当游船通过别列日科夫斯基大桥以后，眼前就出现了大片的浓密绿化，与此前两岸布满建筑物的景观形成了强烈的对比。这里是莫斯科河在市区内十分重要的转弯，并结合这一转弯形成了莫斯科市总体规划中一条突出的轴线，同时也是重要的城市"绿肺"。右岸是沃洛比约夫山（又称麻雀山），在前苏联时期有一首著名的歌曲《列宁山》就是这一山丘在那时的名称。河面与山顶的高差有70多米，5～6千米长的浓密树林中偶尔可见几个小建筑的尖顶，还有一个斜坡道似供冬天滑雪之用，河边是安静的步行道（图5、图6），远远望去只能望见莫斯科大学的尖顶，这是斯大

图4　河岸的新老建筑
图5　别列日科夫斯基大桥

图6 莫斯科河滨绿化中的步行路

林时期7栋高层建筑中最高的建筑，也是苏联时期莫斯科最重要的标志性建筑物之一。莫斯科大学是俄罗斯最著名的大学，最早由著名科学家罗蒙诺索夫创建于1776~1783年，原校址位于克里姆林宫西面马涅什广场的对面，1812年大火后重新修缮，原址只留下大学的文科。新莫斯科大学建于1949~1953年，建筑师鲁德涅夫（1886~1956年）等，大学主楼占地167公顷，由26层235米高的中央主楼，18层的工字形两翼和由两翼伸展出去的9~12层辅楼组成，楼内除理科系室外，还有大学办公室、图书馆、博物馆、1500座的讲堂以及学生和教师宿舍等。整个建筑的立面、平面构图均十分复杂，立面为五段式，顶部的塔尖和五角星就有57米高，主楼东北是700~800米长的大学广场，直到莫斯科河边的沃洛比约夫山的瞭望广场，在这里可以向东北瞭望莫斯科市的全景，甚至可以看到这轴线沿线上的克里姆林宫（图7）。

图7　莫斯科河上遥望莫斯科大学

与河右岸相对的左岸的半圆形用地内是卢日尼基中央体育场（原称列宁中央体育场），用地约160公顷，于1957年建成，是莫斯科最大的综合体育设施。总体设计建筑师为符拉索夫（1900～1962年）等，除容量10.3万观众的大体育场外，还有两个室内体育馆，一个露天游泳池以及许多练习场地，但从河面上望去，只能看到在绿化丛中的大体育场，设计建筑师为谢加尔（1909年生）等人，建于1954～1956年，由于用地形状限制以及总体规划上强调城市轴线的严整，所以体育场比赛场地的长轴向东北偏45°，这在体育场的设计实例中是不多见的。1980年莫斯科举办第22届夏季奥运会时，其主会场就设在这里，当时全部的观众席上部还没有遮阳的挑篷，现在所看到的观众席挑篷还是在2002年改建的（图8）。在用地的东南角紧邻莫斯科河的地段还可以看到一座圆形的友谊体育馆，这是在奥运会前夕于1979年建成的多功能体育馆，共3 900座，建筑师是包尔沙科夫，建筑风格与20多年前的老体育场相比已有了较大的变化（图9）。

当游船继续前进时，在右岸连绵不断的绿化带中出现了一栋高层建筑，因为不了解当时的建设背景，所以为什么在这绿化带中忽然插入这样一栋建筑让人十分费解，因为在这栋建筑之后又是长达几公里的绿化和公园。这栋外形很有个性的建筑就是俄

图8　卢日尼基中央体育场

图9 友谊体育馆

罗斯科学院主席团大厦，1974～1988年方案设计到1994年竣工建设，花费了20年的时间，建筑师是以普拉东诺夫为首的创作集体，用地为绿化带中4.6公顷的坡地，山脚下是建于16～18世纪有名的安德列也夫修道院，建筑物的背后则正对列宁大街上加加林广场的加加林纪念像。建筑平面尺寸为170米×170米，由三层的低层裙房和23层的主楼构成，低层裙房除内院以外，还有会议厅、报告厅、图书馆、展览厅等，而主楼实际是由两栋方形的塔楼相连而成，内部是办公室和科研用房。建筑的外立面——浅色石材和金色的镀膜玻璃十分醒目，尤其是主楼顶上金色的金属构架更是引人注意，这种造型一方面让人联想起核物理或原子结构，或是表现宇宙飞船类的主题，另一方面有的评论也认为这种金色屋顶，似乎也是东正教堂金顶的暗喻（图10）。

主席团大厦过后河岸边又是连绵的绿化，先是长约1.5千米的无忧花园，接着又是长约1 000米的高尔基中央文化休息公园。这是由符拉索夫（1900～1962年）领导的建筑创作集体规划的，呈几何状划分。此前1923年曾在此举办全俄农业手工业展览会，建过一些展览馆、影剧院，此后陆续建起了许多文化娱乐设施，尽管莫

图10 俄罗斯科学院主席团大楼

斯科河对岸的文化公园地铁站曾于2010年3月发生过爆炸案，但此处仍不失为莫斯科人休闲娱乐的好去处。

　　与河右岸浓密的绿化相对比的是河左岸，盖满了各个时代的建筑。首先看到的一栋建筑是莫斯科国际银行，建于1989～1995年，是由俄罗斯建筑师与芬兰建筑师合作的作品。这是莫斯科最早出现的商业银行，而所处地段距莫斯科历史中心区不远，又在莫斯科河岸边，因此建筑师除运用了许多现代建筑的语言之外，也表示对历史性地段的尊重。立面中的红砖墙延续了莫斯科暗红色的基调，面向河的立面上的大玻璃窗和顶部的玻璃廊又给人以开放和缓冲的效果。过去莫斯科市对建筑风格的审查要求极严格，而这个合作的方案由于突破了以往的一些框框，而被建筑界人士在1999年评为最优秀作品的第一名。据说其内部的中庭及横跨中庭的两个渡桥也十分生动（图12）。与银行隔河相望的就是著名的总统饭店，原称十月饭店，建于1980年。原为苏共中央接待各国政要的饭店，苏联解体以后这里仍是接待国宾和重要代表团的专用饭店（图13）。

　　在河左岸不时还可以看到具有早期俄罗斯风格的低层建筑，如茨维特科夫的画廊（图14）。茨维特科夫是著名的俄罗斯绘画收藏家，最早在1899年时曾由建筑师

图11　高尔基文化休息公园

图12　莫斯科国际银行（左）

图13 总统饭店
图14 茨维特科夫画廊

做过设计，但收藏家并不满意，但其中的一些样式被当时著名的画家瓦斯涅措夫运用在自己的设计中，后来的建筑师施那乌别尔特（1860~1917年）就参考画家的图样设计了画廊，人们形容这个画廊像一个传统的俄罗斯百宝箱，立面处理极为丰富，除阳台窗框外，还有许多彩色的瓷板镶嵌的图案。1903年收藏家把藏画和建筑都赠给了莫斯科市政府。而画廊的边上是建于1905~1907年的贝尔佐夫住宅，由建筑师茹科夫（1874~1945年）设计，但立面则是根据当时著名的演员和画家马柳金的草图设计的，马柳金曾对俄罗斯的民族工艺做出过巨大贡献，他认为立面的构成应反映俄罗斯文化的特征，而早期的风格多是通过绘画和装饰来实现的，所以画家大量采用了山墙、自由形状的窗洞、华美的彩陶装饰、雕刻等，内容则多为动植物和古代多神教的神祇，这些画面和红砖墙面形成对比，表现一种童话或幻想般的气氛，充分表现了画家的想象力，被认为是新俄罗斯风格的范例。住宅本身除业主贝尔佐夫自住外，也是出租给画家、艺术家或公务员的公寓，其屋顶空间可以作为画家的画室之用（图15）。

图15　贝尔佐夫住宅

当游船行到右岸有一个弯月形的长约4000米河心岛——克里姆林宫岛、岛的另一侧是只有几十米宽的一条运河。这时就进入了莫斯科市最中心的部位。迎面而来的是巨大的彼得大帝雕像（图16），这是1997年为纪念俄罗斯海军舰队建立300周年时所建，雕像高60米，在远洋帆船上站立着彼得一世的全身像，手执古代卷轴地图，手扶舵轮，目光望向远方。他是俄国罗曼诺夫王朝第4代沙皇（1682~1725年），1721年称帝，在位期间加强中央集权，改革军制，兴办工厂，振兴贸易，打击保守势力，为俄国的振兴打下了基础。立雕像之处在十月革命前曾是亚历山大三世的雕像。彼得一世雕像的作者是著名艺术家、画家、雕塑家采列特里（1934~ ），他出生于格鲁吉亚，早年曾与建筑师合作创作过许多建筑物上的马赛克壁画和金属装饰，后在莫斯科与原市长卢日科夫结为密友，深得市长信任并主持审批莫斯科的建筑创作，在建筑师中颇有微词。他也利用这种信任创作了许多重大题材的雕塑，如1995年为纪念苏联卫国战争胜利50周年在莫斯科俯首山胜利广场上的一组雕塑，他后来还为普京总理创作过雕像。采列特里的彼得大帝雕像也遭受过许多议论，甚至有人主张把雕塑搬走。笔者在2001年访俄时曾去访问过采列特里的工作室，并获赠他的巨型画集。

沿游船前进方向，在彼得大帝雕像的左岸则是一栋更为雄伟、高耸并金碧辉煌的建筑，这就是负有盛名并充满了曲折故事的救世主大教堂（图17）。为了纪念俄国在1812年打败拿破仑和抗法战争的胜利，1812年12月亚历山大一世签署公告，准备兴建一座教堂，地址初定在沃洛比约夫山上，经过几年的方案评选，于1817年方案完成并开始建设，但因地基、财务和建筑师经验不足等问题工程于1824年停工。此后因尼古拉一世对原方案不满意，于1832年另征求新方案，并将教堂用地选在克里姆林宫南面现在的用地上，建筑师卡·托恩（1794~1881年）采用了俄罗斯-拜占庭式样，因为当时认为1812年不仅是俄罗斯抗法战争的胜利，也是俄罗斯东正教的胜利，所以采取了东正教教堂的样式，于1839年动工，1883年亚历山大三世加冕时完工，于1889年正式启用。

由于教堂所在的地段是十分具有象征意义的地方，所以十月革命以后斯大林也看上了这块地，1931年斯大林借口按照莫斯科再建规划，要在这里建造"象征社会主义的莫斯科市中心的伟大建筑——苏维埃宫"，在3月25日把教堂炸毁。在1931

图16　莫斯科河上的彼得大帝像

图17 救世主大教堂

年7月18日，苏联《消息报》刊登了有关苏维埃宫设计竞赛的任务书，随后在普希金美术馆展出了160个方案（其中有24个国外的方案）。经审查，苏联建筑师布·约凡（1891~1976年），伊·饶尔托夫斯基（1867~1959年）和美国建筑师汉密尔顿的方案入选。但因官方希望采用高层的方案，所以又曾选定15家单位参加竞赛，直到1932年8月到次年3月第四次竞赛时，才决定以约凡的方案为基础加以发展，修改成可容纳2万人大厅和6000人小厅的260米高的方案，顶部是18米高的解放了的劳动者雕像。后来方案又由建筑师约凡、舒柯和凯利夫列夫继续修改，最后方案总高415米，上部列宁像为100米高，于是整个苏维埃宫变成了列宁像的基座，体现了"民族的形式和社会主义的内容"。苏维埃宫的建设因二战而中断，后来因地基的软土问题，也还有人提出列宁像太高而经常隐藏在云层中等问题，建设始终无大进展。当时在坊间也有传言，说就是因为破坏了大教堂，所以建设工作一直不顺利。于是已建的基础变成了供莫斯科市民使用的露天游泳池。1957年政府又建议把苏维埃宫建在沃洛比约夫山上，与莫斯科大学轴线相重合，并远离莫斯科河的那一面，并举行了设计竞赛，那时设计方案的风格与40年代又大不相同了，但建设也未进行。

60年后又发生了新的转机，1992年7月16日叶利钦总统发布命令，为复兴莫斯科建立基金。在9月22日救世主大教堂153周年的日子人们提出了重建救世主大教堂的建议，12月16日这一建议得到莫斯科市政府的支持。1994年底，拆除了游泳池，委托建筑师德尼索夫（1958~　）为首的小组按40年代建筑师托恩的原设计外形加以恢复，总高102米，虽然当时是俄罗斯经济十分困难的时期，但教堂仍于1997年建成，用以纪念莫斯科建城850周年。复建时在地下部分增建了副祭坛、教堂、图书馆、展厅、冬季花园、附属用房、机房和可停250辆汽车的车库，目前这里已经成为莫斯科的旅游热点。

与救世主大教堂隔河相对位于河心岛上的一组建筑物也引起了我们的注意，这是建于1928~1930年的大型多功能综合体，建筑师就是前面提到的布·约凡和他的哥哥德·约凡（1885~1961年），在当时的莫斯科可称是一组规模最大的"城中之城"。在3公顷的用地上，除了500套住宅以外，还有餐厅、食堂、商店、体育馆、托幼、影剧院（1600座号称是当时欧洲最大的）、俱乐部（1400座）、图书馆、邮局、银行等内容。建筑师将这些内容组织成三个院落，朝莫斯科河方向采取了严整对称的立面处理，其他立面则错落复杂，充满动感，而建筑风格可以发现是当时俄罗斯建筑风格与正在复兴的传统古典主义风格之间的一种折中，由于地段优越，可以看到克里姆林宫，所以当时入住的多为上流社会、官员，艺术家和科学家（图18）。

河左岸距救世主大教堂不到500米，大石桥的边上就是克里姆林宫。在河上可以看到深红色的宫墙和沿河的七座塔楼（克里姆林宫共19座塔楼），这些塔楼除了转角处是圆形的以外，其他都是方形，并有各自的叫法：如运水塔、报喜塔、无名塔、彼得洛夫斯基塔等，在宫墙上面还可以看到大克里姆林宫和教堂群的金色圆顶，而在宫墙转角和大莫斯科桥之间的空间则可以看到红场南端的华西里·柏拉仁诺教堂（图19、图20）。

船行到克里姆林宫时，隔着前方的大莫斯科桥，就可以看到桥左侧有一个硕大无比的庞然大物矗立在岸边，这就是建于1964~1971年的俄罗斯旅馆，建筑师切丘林，总用地为15公顷。旅馆的建设是为迎接十月革命50周年而建，其规模5 500间客房也是为了和相邻的克里姆林宫内为召开苏共代表大会的克里姆林大会堂（建于

图18　大型多功能综合体
图19　克里姆林宫城墙与大克里姆林宫

图20 克里姆林宫墙与华西里·柏拉仁诺教堂
图21 俄罗斯旅馆

1961年）的规模相配套。主楼高21层，除客房外，还设有6000座和4000座的咖啡厅和餐厅，2450座的音乐厅，两个780座的电影厅。饭店的北侧和东南角还保留着5～6栋小教堂、老住宅等。但是因为饭店建筑距克里姆林宫宫墙和华西里·柏拉仁诺大教堂仅仅200米左右的距离，所以相当多的意见认为庞大的体量破坏了克里姆林宫和红场的景观，还有人甚至主张拆除（图21）。

游船东行到大乌斯钦斯基桥时转向东南，这儿也是莫斯科河与雅乌兹河交汇的地方。年纪稍大点的人可能都还会记得当年苏联电影《忠实的朋友》中的插曲，有句歌词"从雅乌兹河上漂来了愉快的小舟"，指的就是这条河。在两河交汇处的东侧，又可以看到斯大林时期所建的七层高层建筑中的另一栋——柯切尔尼切斯基滨河路上的高层住宅，建于1948～1952年，建筑师还是切丘林，结构工程师是郭赫曼。切丘林和郭赫曼在中国北京也留下了他的作品，那就是建成于1957年，位于复兴门路口的广播大厦，也可以看出其建筑造型上的渊源呢。住宅为了适应两河交汇处的用地形状，24层的主楼（高156米）采用三叉形状，而沿道路布置8～12层的两翼，共布置了540套住宅（从1室到4室户），此外还有10个附属建筑，如商店、社区用房和影院、以及在内院里可停212辆车子的停车场。这里的伊柳申电影院在苏联时期因经常举行新片的首映式而十分有名。由于建筑位于河流的转折处，所以成为河上十分重要的对景，从上游和下游望去都十分突出醒目（图22）。

在克里姆林宫岛的南端则可以看见另一组风格截然不同的建筑物——红山国际文化中心，这个多功能的建筑综合体建于1989～2000年，建筑师为格涅多夫斯基（1930年生）等人，这组建筑是莫斯科对其重要的历史文化街区，河南岸地区进行改造的组成部分，用地7公顷，除300间办公部分外，还包括与商业、餐厅、旅游、商务、体育、与艺术有关的音乐厅（1800座）、剧院（500座）、展览中心、艺术广场等，地下车库可停车1500辆。在建筑造型上，建筑师对俄罗斯的传统建筑如修道院、克里姆林宫等进行了现代手法的解读，无论从变化的体形、多种形式的开窗、新型的塔楼及轮廓处理，墙面的色彩等都让人产生丰富的联想，形成了这次莫斯科河游终点的一个重要亮点（图23）。

就在我们下船的地方，位于河左岸又出现了一组俄罗斯的传统建筑——新斯巴斯基修道院。15世纪末当克里姆林宫改造时，当时的沙皇也一同把修道院迁来。

图22 滨河路上的高层住宅
图23 红山国际文化中心

图24　新斯巴斯基修道院

1613年罗曼诺夫被推举为沙皇以后，开始了300年的罗曼诺夫王朝统治，新教堂在1496年的教堂旧址上，于1645年开始建设并为罗曼诺夫家族服务。此后在用地内陆续修建了餐厅、厨房、祈祷室、钟楼（是莫斯科最大的钟楼之一）、主教堂、家庭墓穴、小钟楼等。1918年后斯巴斯基修道院被关闭，有时作为监狱，院内文物均被运走。此后很长时间这里作为技术服务和手工作坊，从1968年起教堂开始恢复重修，并成为莫斯科河岸的美丽景观，从1991年起这里成为东正教大牧首经济管理部主席的官邸（图24）。

下船的码头就在河左岸的新斯巴斯基桥的边上，我们的莫斯科河游，在观赏沿河景色的同时，也看到了其不同时期的建筑。从12～14世纪开始修建的克里姆林宫，17世纪的修道院，19世纪的俄罗斯住宅，到20世纪苏联时期从构成主义向新古典主义的改变，又从逐渐开放到其后改革时代的潮流变化。按俄罗斯建筑科学院院士格涅多夫斯基的说法："在（俄罗斯）千余年历史长河中，20世纪无疑是最富有戏剧性的一个世纪。'战争与革命的时代'——这一描述在20世纪中期曾被世人广为接受。但是到了现在，世纪末也被赋予了革命性巨变的时代特征，并以20世纪初取代俄罗斯帝国的联邦共和国（即苏联）的解体作为标志"。"从该地域的文化和艺术来看，20世纪则是一个充满创作激情的时代，是一个充满探索与创造、希冀与失望的时代，是一个留下了大量体现人类精神力量的作品的时代，是一个不仅为自己的时代留下大量丰碑，而且为未来的一代树立纪念碑的时代。"这个时代中的相当一段时期，对中国建筑界起了很大甚至是决定性的影响，我在看到不同时期的俄罗斯和苏联建筑时，也常常发现在那个时期我国的许多建筑所模仿的范式和造型，每每让人有似曾相识之感。然而就像莫斯科河日夜流淌的河水一样，人类的历史、建筑的历史、理念和思潮的变化正是在这样的模仿、学习、碰撞、创新之中不断地向前发展，永不停息。

2011年7月9日

13 莎翁故里半日行

2011年6月26日，温家宝总理利用访英的机会，专程来到英国文学巨匠莎士比亚的故乡——斯特拉特福，访问了莎士比亚的故居。特别凑巧的是大约一个月以前，我们在环英游的旅程中，在由曼彻斯特返回伦敦的途中，也特地安排了莎翁故里访问的行程，虽只有短短半日，但仍感到收获良多。

威廉·莎士比亚（1564~1616年）是在世界文学史中占有重要地位的剧作家，也是与荷马、但丁、歌德并称的大诗人。与他同时代的曾获"诗人桂冠"的戏剧家琼森虽曾批评莎士比亚缺少"艺术"，但仍预言他"不属于一个时代，而是属于所有的世纪"。歌德评价莎士比亚时说："当我读到他的第一篇作品时，我已经觉得我是属于他了。当我读了他的全部作品时，就从一个盲人变成能够看到整个世界的人。"马克思和恩格斯也曾给予莎士比亚很高的评价，承认他在戏剧发展史上的重要作用。

莎翁故里位于英国中部的中心地带沃里克郡，据称斯特拉特福的历史可以追溯到罗马时代，埃文河在小镇的东南流过，小镇充满浓郁的都铎风格。故居就位于镇中亨利街的北侧（图1）。

莎士比亚一生共写了37部戏剧，154首十四行诗，两首长诗和其他诗歌，其中两首长诗在他生前发表过，那时剧作只有"盗印版"的形式，并非经作者授权。他的全部剧本是在莎翁去世后，由同一剧团的两位演员搜集成书，于1623年用对开本发行，即《威廉·莎士比亚先生喜剧、历史剧和悲剧集》，其中收入了36部戏剧，被称为"第一对开本"。莎翁最早的版画形象也是由一位佛莱芒版画家罗肖特创作并在这时发表的（图2）。在由停车场走进亨利街时，首先可以看到一个

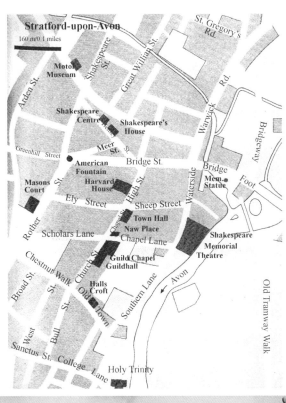

图1 | 图2
图3

图1　斯特拉特福地图
图2　莎士比亚版画像
图3　亨利街头小丑雕像

手舞足蹈的小丑雕塑，莎翁的戏剧中经常安排丑角来鼓动观众的情绪，同时又可让演员发挥自己的个性和技巧，这个雕塑可能就已在提示莎翁在戏剧上的成就了（图3）。最初发表的剧本不是按写作年代编排，而是按喜剧、历史剧、悲剧三类来编排的，后来的学者又把后期喜剧称为"浪漫剧"，把历史剧中有关罗马历史的分出来，称为"罗马剧"。

在参观故居之前，先要进到与之毗邻的莎士比亚中心，这是管理故居的总部，1847年在公众呼吁下，人们筹集到一笔善款，并买下了莎士比亚出生的庄园，此后这里才日益引起人们的重视。在参观故居之前，通过几处由BBC电视台制作的多媒体介绍莎士比亚的生平以及其作品在世界各国各种形式和版本的演出片段，为参观者做一简要的热身。中心是一栋红砖饰面的三层现代建筑，但在沿街立面上有意模仿了小镇上都铎风格住宅的一些要素，如山墙形式和开窗等（图4），由于多媒体演示有时间限制，所以先要在门厅等候（图5），这里并排展出了用各种风格和手法绘制的莎翁肖像，包括用十分前卫手法所绘制的（图6），展柜中还展出了一枚戒指，据称是近年来新发现的实物，上面刻有莎翁名字的缩写（图7）。

现在所知的威廉·莎士比亚的情况多是从正式官方材料中得知的，父亲约翰·莎士比亚原是沃里克郡的自耕农，1551年来到斯特拉特福经营皮革、羊毛、谷物买卖等，1565年选任长老议员，1569年任民政官。母亲玛丽·阿登是另一个镇的人，家产殷实。莎士比亚是他们的长子，教堂文件记载他于1564年4月26日受洗，因此传统上把4月23日作为他的生日，这时正是都铎王朝伊丽莎白一世在位的时期（相当于中国明朝的嘉靖年间）。镇上有一所良好的文法学校，莎士比亚在这里受到拉丁文、历史、哲学、诗歌、逻辑等方面的教育，可能因家道中落，所以没有继续读大学，18岁时（1582年）与邻镇大他8岁（一说16岁）的富家女哈瑟维结婚，半年以后女儿苏珊娜出生，两年以后又出生一对龙凤胎，但儿子在11岁时夭折。

1585年到1592年间莎士比亚的生活经历不详，据推测他在1586年去伦敦成为剧院的杂役、演员、导演、编剧，以至股东。文艺界第一次提到莎士比亚时已是1592年，他的剧团自1594年始一直受宫内大臣的庇护，称为"宫内大臣剧团"。1603年詹姆斯一世登基后将剧团更名为"国王供奉剧团"，剧团由此沾了不少光，莎士比亚本人也在1596年为家族申请并获得"家徽"，1597年和1602年又

图4

图5 | 图6

图7

图4　莎士比亚中心外景
图5　莎士比亚中心门厅
图6　前卫手法绘制的莎翁肖像
图7　有莎翁名字的戒指

图8　多媒体演示中心再现莎翁写作场景

置了房产和地产，可看出他事业的成功。他最早写作的戏剧是1589~1592年的《亨利六世》。这一画面就再现了他在写作时的场景（图8）。

　　从莎士比亚中心出来，首先进入故居的后花园，这里有修剪得整齐的花木，规整的庭园，据说还有一棵当年莎翁手植的树木，但不清楚是哪一棵，是不是那棵高大的松树呢？庭园中还有按17世纪莎翁剧情中装扮的人物与游客一起合影。温总理来访时也曾坐在庭园的木椅上观看两位女演员表演《哈姆雷特》的片段。但我们还是急于要先进故居一睹为快，这是一栋带阁楼的都铎风的二层小楼，如深色的外露木构架，交叉骨架的山墙，浅灰色墙面，方形的凸窗，斜坡瓦顶，据说始建于1500年，1556年购买了这栋房子，但又曾在19世纪被彻底改建过。但仍保留了原有的风格（图9、图10）。故居内也是按照莎翁生活的那个年代的样式布置，一层有起居室、餐厅以及原来的皮革作坊，工作人员身着历史服装向人们介绍当时的情景，二层有陈列室和卧室，莎士比亚诞生的地方（图11~图14）。来自世界各地的游客络绎不绝在故居里上下、倾听、思考、遐想，想必是莎翁作品中所表现

图9　莎翁故居外景一
图10　莎翁故居外景二

图11 莎翁故居一层起居室
图12 莎翁故居一层餐厅

图13　莎翁故居的解说员
图14　莎翁故居二层卧室

的爱情、国情以及人与人之间的沟通和交流，已经超越了民族、国界和语言，唤起了人们的共鸣。在中国，莎士比亚的名字最早是在1856年由西方传教士介绍过来的，清末的严复和梁启超以及鲁迅都在译著中提到过莎士比亚，1903年和1904年先后出版过其戏剧故事，直到五四运动以后才用剧本和白话文的形式翻译介绍过来，而莎士比亚全集的出版则已是在1978年了。

中饭以后我们沿着都铎风的小街（图15），来到了埃文河边，在这里可以望见河边皇家莎士比亚剧院和天鹅剧院。当年伊丽莎白式的舞台基本是一个伸入到观众席中的平台，上面有屋顶，平台下有台仓，舞台后墙上有上、下场门，后墙的二层可表演，也可作为包厢。莎士比亚的戏剧露天演出时没有大幕，没有多少布景，只有道具，由于场次多，时间、地点和环境变化很大，演员的台词与表演就显得非常重要。而在私人剧场——黑衣修士剧院的演出，则在室内并且票价昂贵可以保证观众的欣赏品位（图16）。

从埃文河上还可远远望见圣三一教堂的尖顶（图17），从资料上看这里保存了莎士比亚的陵墓，墓碑上没有名字，只有几行诗句：

好朋友，看在耶稣分上，
莫要挖掘这里的遗骨。
容此碑石者老天保佑，
移我尸骨者要受诅咒。

莎士比亚最后几年是在家乡度过的。有的资料说1616年4月23日他在故居去世，实际他去世是在离三一教堂不远的纳什庄园和新坊，那儿的建筑在18世纪被拆除，因为时间关系我们都没能去访问。1747年发现了莎士比亚写于1616年3月25日的遗嘱，这时他在病中，距去世不到一个月。遗嘱限定他的全部财产只能由大女儿苏珊娜的男性继承人继承，而在补充说明中只把自己那张"仅次于最好的床"留给自己的妻子哈瑟维，没有人能解释这一古怪的决定到底意味着什么。

离开莎翁故里前的最后一个景点就是埃文河东北的莎翁雕像。在高大的圆形基座上是莎翁的青铜坐像，莎翁身披风衣，手握剧本和笔望向远方，雕像基座周围还

图15　斯特拉特福街景
图16　远望皇家莎士比亚剧院

图17　埃文河及远处三一教堂尖顶

有4座雕像，都是莎翁剧中的人物。如果按剧本写作的时间排列，一是历史剧《亨利四世》中的亨利王子（即亨利五世），王子的改邪归正转变寄托了莎翁对开明君主和民族英雄的理想；二是福斯塔夫，这个角色在《亨利四世》中就曾出现，但在喜剧《温莎的风流娘儿们》中则作为主角反映市民的生活；三是悲剧《哈姆雷特》中的哈姆雷特，这是一个为中国观众十分熟悉的角色，尤其是他许多富有哲理性的格言；四是悲剧《麦克白》中的麦克白夫人，这是表现苏格兰历史上一对夫妻弑君的故事（图18~图21）。

　　在莎翁故里小镇上还有许多与莎翁及其后代有关的内容，如莎翁学习过的语法学校，市政厅前的莎翁雕像，莎翁女儿的住宅霍尔农庄，距此不远还有莎翁妻子哈瑟维的村舍。另外还有一栋建于1596年的哈佛庄园，房主的儿子约翰·哈佛后来移民美国，在1638年把他的地产捐给了一个新学院，就是现在的哈佛大学。

　　在莎翁的研究中还存在着许多未解之谜和不同的看法，其中最突出的争论就是莎士比亚的戏剧和诗作到底是谁的著作的问题。因为莎士比亚的剧本手稿没有一部保存下来，加上一些研究者认为莎士比亚作品对于语言和文字、对历史和地理、对政治和法律、对于宫廷礼仪和用语都非常熟悉和精通，这应出自一个学识非凡的

图18 | 图19

图20 | 图21

图18　莎翁雕像
图19　哈姆莱特雕像
图20　福斯塔夫雕像
图21　麦克白夫人雕像

作者之手。而这些与莎士比亚相对普通的出身，又没有受到充分的教育，以及个人经历的平凡无奇等有很大的反差，于是研究者先后提出了若干认为可能的人选，如培根、牛津、马洛等。看来"莎学"的研究与中国"红学"的研究也有相似之处，《红楼梦》的作者曹雪芹出生于莎士比亚死后约100年，同样对于作者的身世、小说的作者、全本和续本、索引和考证都有不同的观点，至今仍在学术探究之中。看来无论是"莎学"还是"红学"，都有待于更新的历史文献或资料的发现，否则许多定论是很难轻易动摇的。

2011年7月16日

14 华府湖畔新景添

美国总统奥巴马原定要在马丁·路德·金发表著名的演说——"我有一个梦想"48周年的那天为华盛顿国家广场的马丁·路德·金雕像举行揭幕式，但横扫东部的"艾琳"飓风使仪式未能如期在2011年8月28日举行，我们倒是利用访问华盛顿的机会在仪式前第3天24日得以先睹金的雕像。

之所以急于先去看金的雕像还是缘于8月9日的《北京青年报》用一整版的篇幅介绍了这个雕像是由中国湖南雕塑家雷宜锌所创作、制作并安装的。雷宜锌是湖南

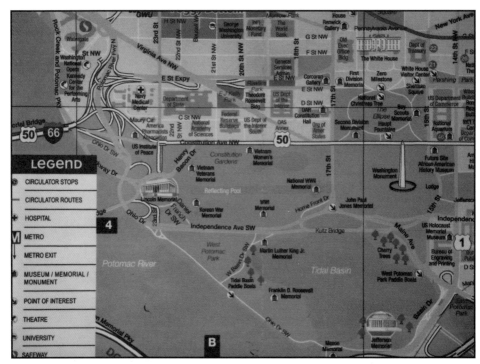

图1　华盛顿市中心国家广场总平面

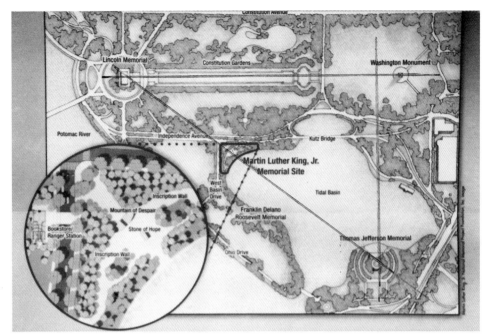

图2 马丁·路德·金广场总平面

省雕塑院院长，湖南省雕塑学术委员会主任，湖南省书画研究院副院长。他1989年毕业于广东美术学院，为中国美术家协会会员，国家一级美术师，在国内创作过多件作品并获奖或被收藏。2006年，他受邀参加在明尼苏达州圣保罗市举办的首届国际石雕研讨会，按组委会要求，参会的雕塑家都要留下一件作品，雷创作了名之为《遐想》的东方少女头像，引起了马丁·路德·金基金会的注意，因为此前他们一直在为马丁·路德·金雕像的创作在物色理想的雕塑家人选。据报纸介绍，雷宜锌先后经过了雕塑家人选选定，设计方案的选定以及作品安装方式和安装人员选定的争议，报纸还专门采访了美国国内的支持者和批评者，发表了他们坦率的看法。看来在如此重要的纪念性雕像的创作上存在各种争议和评论是十分正常的。2007年9月，艺术评审委员会最终通过了雷宜锌的方案后，经过四年多紧张而谨慎的创作、制作和安装，金的雕像终于矗立在华盛顿国家广场，并开始迎接川流不息的人群。

马丁·路德·金（1929—1968年）是美国民权运动的领导者，该运动对于结束美国一些地区合法存在的黑人种族隔离制度起到了重要的作用。金出生于南方亚特兰大黑人牧师的家庭。父亲和外祖父都是浸礼会的牧师。他在大学学习时原对医学和法律感兴趣，但最后仍决心成为一名牧师，并在22岁时获神学学士学位。24岁时他与歌手兼钢琴手科瑞塔·斯科特结婚，接着在波士顿大学获博士学位，时年26岁。同年，在阿拉巴马州蒙哥马利市一名黑人妇女萝莉·帕克斯因拒绝在公共汽车给白人乘客让座而被逮捕，黑人居民发起了抵制运动并选举金作为抵制组织的领袖。虽然金因此受到威胁，但一年后他们终于达到了取消种族隔离的目的，美国最高法院也宣布该隔离法违宪。30岁时，金到印度游历，受到了尼赫鲁总理的接待，他不但进一步了解了甘地的非暴力主义哲学，也由此更相信非暴力抵抗是被压迫人民在争取自由的斗争中最强有力的武器。同年，金回到亚特兰大，在做牧师的同时，把主要精力用于民权运动和南方基督教领袖大会。在此后的5年中，金的影响持续扩大。1963月年4月金因领导了大规模的群众示威游行而被捕入狱，在狱中写就了《来自伯明翰监狱的书简》，阐述了非暴力主义哲学和民权运动期望的梦想："我们从痛苦的经历中知道，自由从来不会由压迫者自愿地赠予，它必须由被压迫者去争取。"1963年8月28日，25万人在华盛顿林肯纪念堂前集会，要求全体公民在法律面前一律平等。金在纪念堂的台阶上发表了著名的"我有一个梦想"的演讲。他说：

尽管眼下困难重重，但我依然怀有一个梦，这个梦想深深植根于美国梦之中。

我梦想有一天，这个国家将会奋起，实现其立国信条的真谛："我们认为这些真理不言而喻：人人生而平等。"

我梦想有一天，在佐治亚州的红色山岗上，昔日奴隶的儿子能够同昔日奴隶主的儿子同席而坐，亲如手足。

我梦想有一天，甚至连密西西比州——一个非正义和压迫的热浪逼人的荒漠之州，也会改造成为自由和公正的青青绿洲。

我梦想有一天，我的四个儿女将生活在一个不是以皮肤的颜色，而是以品格的优劣作为评判标准的国家里……

民权运动的日益高涨，在全国产生了强烈的反响，约翰逊总统向国会提出了放宽民权立法的要求，使《民权法》在1964年被通过。金也在1963年成为《时代周刊》的年度人物，并于1964年12月获得诺贝尔和平奖，这使他的事业达到了高潮。

此后民权运动内部出现了领导层的分歧，一些人对金的非暴力哲学产生了疑问和不耐烦的情绪。1965年城市种族问题向暴力升级，洛杉矶发生种族骚乱。1967年金发起了旨在对抗经济问题的穷人运动，但并未获得各阶层人民的广泛支持。1968年4月4日他在田纳西州孟菲斯市所住的汽车旅馆阳台上，被一名白人狙击手枪击身亡，终年39岁，他的妻子于2006年去世。

评论认为："金能够把抗议转化为改革运动，把地方性冲突演绎为全国关心的是非问题。他成功地唤醒黑人群众并激励他们采取行动，通过诉诸美国白人的良心，向美国联邦政府施加影响，从而赢得了他的最大胜利。"毛泽东早在1968年4月16日发表了《支持美国黑人抗暴斗争的声明》。邓小平在1979年访美时，曾在2月1日下午向金的陵墓献了花圈，并在马丁·路德·金中心同其家族会面。17年后，克林顿总统在1996年批准在华盛顿国家广场为马丁·路德·金建立一座占地1.6公顷，耗资1.2亿美元的纪念设施。2000年美国国会通过立项，2006年由小布什总统奠基，2011年于奥巴马总统在任时完成。

马丁·路德·金的纪念广场和纪念像位于华盛顿的国家广场中林肯纪念堂与杰弗逊纪念堂间的连线上，雕像正面面向潮汐湖。华盛顿的基本规划是在1791年由法国工程师P.朗方完成的。其中心区的基本框架由正面朝西的国会大厦，由大厦向西直到托马克河为国家大道和纪念广场，总长约3.7千米，在距国会2千米多的地方是正面朝南的白宫，由国会和白宫向外放射延伸道路以各州名字命名，与后来方格网的道路形成多处环岛。在东西，南北两大轴线接近交叉点的地方，于1884年完成了华盛顿纪念碑，1922年于东西轴线的西端建成了林肯纪念堂，1943年于南北轴线的南端建成了杰弗逊纪念堂，此后在纪念广场的草地和绿化中，陆续建成了以事件为主题的一战纪念碑，二战纪念碑，朝鲜战争纪念碑和越战纪念碑等。在潮汐湖畔建成了罗斯福总统纪念馆，而金的纪念碑则是位于国家广场上第一个既非总统任职，又是有色人种的纪念像。

马丁·路德·金广场位于西南独立大道南面的一个三角形地段上，由于正处于道路转角，所以就把入口广场放在了转角处，花岗石的入口广场与周围绿化交接

图3　入口广场

处有60厘米高的深色坡面花岗岩导向石，以便游人在此处怀念为民权运动而战斗的英雄们。为了便利游客进入，广场上临时分出了出入口，有工作人员维持秩序并发放国家广场园林管理处印制的纪念碑介绍。进入纪念广场之前首先看到的是由当中笔直切开的山形巨石，被称之为"绝望之山"，象征为和平及平等而奋斗的人们所冲开的一条大道，沿着这个缺口进入纪念广场，就见到了称之为"希望之石"的马丁·路德·金纪念像的背面。整个纪念像的构思源于金在"我有一个梦想"演说中的一句话："有了这个信念，我们就能从绝望之山中开采出希望之石。"

　　绝望之山的两侧成弧形延伸着约3米高的深色花岗石语录墙，靠近入口处最高，然后逐渐坡向两端，其总长度为150米（一说为137米），上面工整地镌刻了金有关公正、希望和爱的语录共14条，以加深人们对于金的思想、精神和主张的理解。语录墙与绝望之山的交接处则设计了一小段跌水作为两种不同色彩和质感的材料之间的过渡。

　　希望之石的外形就是从绝望之山中切下的一块巨石，高约为10米，两侧整齐的石材表面上还可看到雕塑家专门做出的切痕，在这里希望之石的轴线与绝望之山的轴线间有一个明显的偏角，估计这两条轴线中会有一条与林肯纪念堂和杰弗逊纪念

图4 语录墙
图5 马丁·路德·金全身像
图6 绝望之山和希望之石

图7　马丁·路德·金像局部

堂的连线重合或平行。金的雕像朝向东南方，身着西装，双臂抱在胸前并凝视远方。对雕像严肃的表情和肢体语言，在美国也曾有过争论，但以哈里·杰克逊为主席的马丁·路德·金国家纪念工程基金会和金的亲属做出了支持的最后决断。金的全身雕像总高9米（30英尺），美国《华尔街日报》在刊登金的雕像时特地在像边画了一条尺子，说明林肯和杰弗逊二人雕像的高度还不到6米（20英尺），实际上金的雕像是站在山石之上，而杰弗逊5.8米高的雕像下还有1.8米的基座，总高7.6米，而林肯是坐像，据称按照此比例如制成立像的话总高会是8.35米。《今日美国》则注明那些远渡重洋，由中国厦门经巴拿马运河到达巴尔的摩卸下的石材总重为1764吨，是林肯纪念像重量的10倍，因为后者连基座总重为175吨。

　　纪念广场周围的绿化景观环境很好，因为沿潮汐湖植满了1919年日本政府赠予美国的吉野樱树，虽然樱花在每年3~4月间开放时只有7~10天的时间，但是每年春天这些百年樱树的樱花怒放也成为潮汐湖周边十分有名的景观。纪念碑周围有182棵樱树，粉白色的花海将加强此处的和平气氛，也有助于游人理解金的启示和遗产。另外，在独立大道上也植有35种树木，高大的绿化也形成了纪念像极好的背景。

　　纪念像的建成引起了强烈的反响，《环球邮报》专门刊发了一个年轻黑人跪在雕像前用相机拍照的照片。华盛顿35岁的威德利说："我很高兴，看到这些让我眼里充满了泪水。"49岁的梅尔斯是金的家乡的卡车司机工会 的工作人员，他说："我认为这是很合适的，因为他的贡献和任何一位总统一样伟大。"这是指金的纪念像正好处在美国各位伟大总统的纪念物之中，除林肯和杰弗逊之外，还有东北的华盛顿和南面的罗斯福。他接着说："这个国家走上了金所希望的漫长之路，人民热爱他。"出生于1957年的金的大儿子马丁·路德·金三世说："我希望有更多的人尤其是年轻人在每天的生活中能牢记他的启示。在某一天我们能同席而坐，真正的庆祝和放松，但现在还没有。"虽然"艾琳"飓风延迟了揭幕式，但马丁·路德·金国家纪念工程基金会主席哈里·杰克逊认为：纪念碑将永远屹立在那里。他还透露，纪念碑1.2亿美元的建造费用目前还短缺500万。

对于纪念碑雕塑语言和手法的运用，人们会有不同的解读，如果从规划和景观角度我想提出两点浅见：一是在"希望之石"四周可能是防止游人靠近，设置了临时的围栏，但从长久看应采取些更自然的措施，如放置一些草木绿化作为隔离或从设计上加以处理，纪念像前也缺少了放置纪念品或花束的装置。另外，纪念像采用了近乎白色的浅花岗石，现场看上去十分醒目，作为长期置于室外的人物雕塑，防止污染和清洗问题可能会比较突出，如南面纪念罗斯福总统的铜制坐像，已出现这一问题。在我看来，如选取灰色的石材也许会更符合马丁·路德·金的人物和性格。

2011年9月14日夜